Jack Beauregard

L'oiseau de Minerve
ne prend son vol
qu'au crépuscule

novum pocket

© 2023 novum publishing

ISBN 978-3-903382-50-3
Photo de couverture:
Ondřej Prosický | Dreamstime.com
Création de couverture,
mise en page et paragraphe:
novum publishing

www.novumpublishing.fr

À

Angélique, Hervé

et la famille Paul Guerdener

HEGEL *définit comme principe que la philosophie vient toujours en décalage de l'histoire qui est en train de s'écrire.*
Minerve est, dans la mythologie romaine, protectrice de Rome et des artisans. Elle est la déesse de la sagesse symbolisée par une chouette. Par la suite, cette chouette deviendra l'allégorie de la philosophie.

L'oiseau de Minerve est la chouette d'Athéna. Elle évoque la perspicacité de l'érudition du monde occidental.

« Ce n'est qu'au début du crépuscule que la chouette prend son envol ».

Le crépuscule marque à la fois le moment où le monde de l'action et des affaires s'arrêtent mais aussi l'instant où l'esprit prend conscience de ses propres limites.

La Philosophie arrive après l'action.
Friedrich Hegel

D'après les psychiatres je suis un psychopathe par rapport à la loi : donc un hors la loi.

Les soigneurs du cerveau ne me définissent pas comme un individu dangereux pour les autres mais tout simplement contre la loi et moi-même. En quelque sorte contre l'Institution, un antisocial. Je m'adapte parfaitement aux règles de la vie en société mais parfois j'aurais des sursauts d'insoumission et violerais soudainement la loi, notamment par des vols à main armée, comme quelqu'un qui saute sur une table, je saute sur les établissements bancaires pour les dépouiller. Pourtant, vivre en hors la loi n'est pas la finalité de mon existence. Suis-je vraiment un psychopathe au fond de moi ? C'est pourtant à répétition que mes humeurs de révolte se sont tournées contre la loi.

1

Ingrid vient d'accoucher. Quoi de plus banal et merveilleux que donner la vie. Tous les jours à travers le monde des femmes donnent la vie aux enfants de demain. On peut y voir cette magie de l'éternel et mieux si cet enfant est à soi.

Ma fille vient d'avoir vingt sept ans et me donne un petit fils. Le bonheur suprême d'un père : que les enfants perpétuent la descendance en redonnant la vie. N'est-ce pas là le principe même de l'éternité ; le chaînon d'éternel fraîchement arrivé se prénomme Mathias. Je vis sa naissance à distance. C'est une émotion très particulière de devenir grand père. J'ai donc fait une demande de sortie auprès de la Juge d'application des peines pour vivre l'événement de plus près. J'ai déjà eu des permissions de sortie au centre de détention où j'étais détenu avant d'arriver dans cette prison. Afin de faciliter la réadaptation sociale, la justice aménage le circuit pénal de l'individu avec des permissions et quelques assouplissements. Assouplissements de quoi ? Parce que la prison serait un lieu de torture, un endroit pour souffrir ? Aujourd'hui on dit resocialisation plutôt que réinsertion mais dans la réalité rien n'est fait dans ce sens. Ce ne sont que les termes qui changent d'un gouvernement à l'autre mais rien ne progresse. Les difficultés demeurent au bas de l'échelle. Certains magistrats favorisent la resocialisation pendant que d'autres l'inhibent carrément. Ma demande de voir mon petit fils est ainsi rejetée par madame la Juge. Elle reprend mon dossier suite au transfert et statue à l'encontre de son collègue qui avait engagé avec succès un processus de réinsertion.

Certains magistrats ont un petit côté féodal que ne saurait envier la pire des dictatures. Il existe des disparités colossales dans le concept du monde judiciaire et l'humanité en tant que vertu de compréhension est fort inégalement répartie.

L'indépendance du magistrat le dispense à motiver sa décision. L'ultime conviction du juge suffit à justifier ses ordonnances. Il est seul souverain dans l'application pénale de l'exécution au cas par cas. Cette indépendance incontrôlée et sans contre pouvoir peut-elle répondre à ses obligations, à son intégrité, sans la moindre erreur ? Bien qu'aucune situation ne soit similaire, la justice est faussée chaque seconde dans le monde des vivants par ses propres lois. Les cours d'appel ne désapprouvent jamais leurs confrères et la cour de cassation refuse de reconnaître les fautes de procédure si vous n'êtes pas fiché dans le répertoire des personnalités qui ont accès à cette spécificité conçue exceptionnellement pour les puissants. La précision tient du porte monnaie. Il faut une aisance financière suffisante pour arriver devant une cour de cassation. Ainsi, l'interprétation farfelues des lois et des ordonnances pénales participent au nihilisme de ce qui est Juste.

Dans l'application des peines, la procédure découle d'un domaine différent. En effet, les textes évoquent la possibilité ou l'obligation, c'est à dire que l'article n'énonce pas que le détenu peut remplir une exigence mais doit la remplir. On revient au principe de la dette : devoir. Il doit quelque chose ; il purge sa peine et ne sera acquitté de cette dette qu'à l'issue de celle-ci. Ainsi la justice peut relâcher le prisonnier ou l'aider dans sa réinsertion mais elle ne le doit pas. Elle peut si elle veut. Le Juge d'application des peines « peut » pendant que le détenu « doit ». Ma question serait donc : quand commence la réinsertion madame la juge ? Ou monsieur le juge ? En effet, tant que le détenu doit il ne peut rien et lorsqu'il peut, il est souvent trop tard et sorti du chtard… avec les mêmes problèmes qu'en entrant évidemment.

Placé dans une zone où le droit est bafoué, le sentiment d'injustice devient légitime puisque permanent, quotidien.

Le rejet de cette permission de sortie pour connaître mon petit fils alors que j'étais dans un cycle de permissions depuis des mois avec un juge traitant mon dossier pénal précédemment m'affecte tout particulièrement. Anormal. Ridicule. Le JAP a un rôle d'assurer le maintien des liens familiaux, de favoriser la réadaptation sociale, de préconiser toute mesure ayant une influence positive sur l'insertion du détenu. Or, cette politique est méprisée pas certains magistrats qui se considèrent juge et partie. Faute !

Mais la Justice s'exerce différemment dans chaque cas.

Je suis effectivement un cas ! Pire ! Un cas atypique. Un cas atypique sous toutes ses facettes. Une histoire qui vaut son clin d'œil. Si je ne l'ai pas préméditée, un enchaînement d'événements bien souvent contradictoires a échafaudé une existence qui me surprend parfois.

Un cas ! Un cas parmi d'autres que j'assume pleinement. Je revendique cette unicité qui a fait de moi ce que je suis. Tout mon être est dans l'Être.

Avec le jeu des remises de peines, j'ai purgé plus de vingt années de prison pour des condamnations de vols à main armée et évasions. Il est évident qu'une peine aussi lourde suppose des crimes relativement très graves, voire barbares. En se penchant sur les rubriques « carnet de Justice » dans les pages des faits divers ou d'actualité à la Une, on voit toujours au moins un cadavre sur une condamnation à 20 ans de réclusion ; très souvent avec actes de barbaries. Ce sont des affaires prisées par les médias qui en font leur beurre durant des années : « la vieille dame assassinée à son domicile aura résisté pendant dix huit heures aux sévices et à la torture. Son agresseur, après l'avoir ficelée et bâillonnée sur un sommier d'acier lui aurait brûlé la plante des pieds pour lui faire avouer la cache de ses économies. La grand-mère est décédée suite à une longue agonie. Son tortionnaire, qui avait prémédité cet acte barbare, a réussi à faire avouer la vieille dame la cache de sa maigre pension de retraite. C'est lesté de la modique somme de deux cents quarante franc qu'il quittait le domicile de la dame après l'avoir mortellement blessée de huit coups de couteaux. Ce soir, la cour d'assises et les jurés sont allés au delà du réquisitoire du Ministère public en condamnant l'homme à dix sept ans de réclusion criminelle. Verdict sévère ! La justice ne plaisante pas ! »

Non ! Je n'ai pas tué « deux vieilles dames » ni une vieille dame ni personne d'ailleurs. Je n'ai pas même collé une baffe à qui que ce soit. La cour d'assises m'a condamné une première fois à quinze années de réclusion criminelle dont les deux tiers en période de sûreté pour vols qualifiés et ses accessoires (recels, détention d'armes) puis cinq ans pour vol avec arme et trois ans pour évasions. Sévère, non ? Ultra sévère au regard des réelles conséquences des actes commis. Conséquences gravissimes : de l'argent volé à la banque. Pas de traumatisme ; les cinquante témoins banquières et clientes des banques sont venues témoigner décontractées, le sourire aux lèvres : « ils ne nous ont fait aucun mal... Bien au contraire. »

On peut vraiment dire que la justice ne plaisante pas en France. Heureusement en somme. La justice se doit rigoureuse. Exact. Son rôle est rigueur, son action est vindicative, vindicative du peuple. Cependant, ne se doit-elle pas miséricordieuse car aucun extrême ne peut venir au Juste. Il faut une harmonie des contraires pour arriver au juste. La justice n'aura d'exactitude que dans sa capacité à concilier sanction et compassion. La réponse de la justice ne peut flancher vers l'extrême. Une loi pourrait s'imposer au corps universel : « Toute manifestation d'injustice est une entrave à la justice ».

Or, le droit républicain français, le droit pénal, s'exalte offrir une même justice pour tous. Ici commence les interrogations car ça le devrait. En effet, la justice s'exerce au gré de la seule compétence humaine d'où le risque d'erreur car l'erreur est humaine. Mais malheureusement pour le peuple de troisième classe qui découvre une justice bafouée par un pouvoir judiciaire assis royalement sur le dôme de l'indépendance de la magistrature. Le supra judiciaire écrase alors la fraternelle égalité par une adroite manipulation des textes ; une série d'alinéas articulés autour d'un éventail sujet des lois et des jurisprudences. Cet éventail permet aux seigneurs des temps modernes de préserver le bien être d'une citoyenneté bourgeoise grâce à leurs garanties de représentation : dirigeants puissants,

comptes en banque lourdement chargés, situations profes-
sionnelles et sociales dans les grandes administrations,
avocats véreux, copinages entre hauts fonctionnaires au
mépris de la classe sociale banlieusarde, cette espèce bâ-
tardise à karchériser selon certains politiciens. Une corruption implicite sous le couvert de l'amitié.

Par ailleurs, les prisons sont surpeuplées d'une gente
issue à quatre vingt dix pour cent des cités banlieusardes,
érémistes à temps partiel, taulards à plein temps. Des
noms inscrits dans l'effectif de la pénitentiaire dont le
répertoire est soigneusement mis à jour.

Une justice attentive et prévenante pour les bons puis
qui s'effiloche pour les mauvaises gens ; un retour à la
cour des miracles. Retour aux Misérables du talentueux
Victor Hugo et parfaitement cultivée par l'honorable magistrat durant plus de deux siècles.

On savait que les loups ne se dévorent pas entre eux.
La preuve est démontrée dans les séries gravissimes com-
mises par de hauts fonctionnaires lavés de tout soupçon,
blanchis, amnistiés, viciés par la forme, innocentée gracieusement. De la création d'une cellule illicite proche du
pseudo terrorisme (le sac)[1] au sang contaminé sans oublier
les détournements en masse de sommes colossales dans
les entreprises publiques (vols), le sermon médiatique, la
démission officielle mais non officieuse, une parodie de
procès, auront suffi à prouver que la justice est bafouée
chaque jour par ceux-là mêmes qui ont pour devoir de
la rendre. L'élément perfide de ces dérapages vient des

---

1 Service Action Civique

fuites échappées du contrôle de l'impunité totale, voire des malveillances fortuites glissées à l'oreille des médias dans un but de vengeance ou de guerre d'opposition. Aussi, assistons-nous parfois à des procès grandioses, terriblement coûteux, à des instructions sans fin, interminable, sans suite, sans jugement où la vérité échappe même à ceux qui la détiennent. Les différentes salles d'audience des tribunaux, des cours d'assises et cour d'appel ainsi que les bataillons d'avocats et de magistrats choisis dans le traitement de ces affaires malencontreusement mises au grand jour font un tel barouf médiatique que les coupables parviennent à se déresponsabiliser avec surprise pour se convaincre de leur parfaite innocence. Certains seront même béatifiés (sic) ! Pour de bon ! Non mais on rêve ! Ainsi, au champagne s'arrose les impunités totales ou partielles sur la chair de dame justice des crimes et délits les plus parfaits. Et ces espèces de petits salopards vont remonter sur la scène politique à grand coup de clairons avec l'audace ou le culot d'exiger une tolérance zéro dans les quartiers défavorisés. Pas de figure !

Le glaive de la justice se heurte fébrilement aux boucliers des nantis. D'où ce sentiment d'injustice pour tous les autres, exclus du droit de tolérance et des circonstances atténuantes. Ces dernières circonstances d'ailleurs remplacées par des circonstances aggravantes en cas d'individu classé troisième classe. Alors, lentement, fiévreusement, timidement, l'amertume se lève : douce révolte, crachat au chauffeur de bus, jet de pierres sur un car de police, incendie de parking, actes de délinquance isolés. Mais le gouvernement et ses procureurs ouvrent les vannes de la médiatisation pour divulguer outre mesure par des montages d'images astucieux une insécurité grandissante. La propagande apporte comme droit de réponse une répression accrue, déjà trop ferme mais servant d'alibi pour assouvir leur soif de pouvoir et de haine contre les gens d'une espèce inférieure. La fin justifie les moyens. Et bien chez le peuple d'en bas aussi, monsieur le juge, la faim justifie les moyens.

2

9 juillet 1985 : 9 heures. Le pont du Las dans le Var.

Le soleil plombe déjà les rues de Toulon. Une circulation dense bouchonne les carrefours et les axes principaux. Toutefois, nous avons tout prévu pour ce qui concerne l'évacuation des lieux. Depuis l'intérieur de la caisse d'Épargne, je vois la petite Citroën deux chevaux Charleston se ranger devant l'agence. Je l'attendais, guettais son arrivée. Le Gros a bien synchronisé sa tâche. Il avait pour mission de se garer devant la banque dans les deux minutes suivantes de notre irruption dans les lieux. Tout ce qui m'entoure retient mon attention. Rien ne m'échappe. Je suis dans une bulle que mon regard enveloppe en une seule fois. Le regard est perspicace et tout semble se passer normalement. Et pourtant, je ne me sens pas aussi à l'aise que les autres coups. Il y a quelque chose qui m'indispose, me dérange. Une embrouille invisible plane dans cette bulle. J'ai un pressentiment, un mauvais pressentiment ; le truc inhabituel mais pas complètement inconnu. Cette sensation n'est pas nouvelle ; elle est présente et même voilà déjà deux jours que je la traîne à mes basques comme une merde sous la semelle. Elle est là, elle me touche, me caresse… je la sens. J'avais cette espèce d'angoisse déjà hier en allant voler la charleston à Bandol. Nous étions, Stéphane et moi, à bord de ma BMW pour couvrir l'opération lorsqu'un léger bruit au niveau de l'embrayage m'a agacé. Je songeais déposer la berline ce matin chez un concessionnaire de la marque allemande pour une petite révision. Je suis assez matérialiste, méticuleux. J'ai même hésité entre le concessionnaire et le braquage ce matin mais lorsqu'on est engagé dans ce genre de chose, il est compliqué de se désister au dernier moment. Un désistement est un risque pour toute l'équipe et un interdit mentalement.

En somme, depuis deux jours, un ange gardien tourne autour de moi et me fait des signes bizarroïdes que je n'ai pas envie de voir. Je sens qu'il me tire par la veste et me révèle que je suis en train de faire une connerie. Le messager n'est pas seulement dans la Bible. Il est bien là ! Mais rien à faire ! Je suis borné bien qu'au fond de moi je sais qu'une boulette est en l'air. Un truc indéfinissable, fort et envoûtant. Il y a eu aussi ces deux voitures de keufs que j'ai croisées ce matin en venant. Ils m'ont rappelé leur présence, qu'ils sont là et que mon ange les a placés sur le chemin à mon souvenir. Superstition ? Sixième sens !

Le personnel bancaire et sa clientèle sont sous la menace d'armes de gros calibre que nous tendons à bout de bras avec une assurance professionnelle. Les armes ne font pas figures de joujou et la situation semble maîtrisée. Le véhicule de fuite nous attend devant la porte. Tout roule comme convenu au gré d'un mode opératoire classique et bien expérimenté, pensons-nous.

Pourtant je sais que le grain de sable est dans la machine et qu'il risque de tout enrayer. Cette sensation ressentie juste avant d'entrer dans le feu est trop forte. Les signes avant coureur annonciateurs d'événements prémonitoires se sont à nouveau manifestés en entrant dans l'établissement. Ces deux gamines qui se sont mises à hurler en s'accrochant éperdument à la taille de leur maman m'ont remué les tripes. J'ai failli ressortir, tout abandonner à l'ultime minute. Les gosses m'ont retourné mais il faut garder son calme, ça rassure tout le monde. Je n'avais pas prévu qu'un jour il risquait d'y avoir des mômes parmi la clientèle de la banque visée.

Nous avons rassuré la clientèle en précisant qu'aucun mal ne leur serait fait et que seul l'argent nous intéressait. La maman a réussi à calmer ses deux fillettes en leur chuchotant quelque chose à l'oreille qui les a fait sourire. C'est normal, naturel. Elles auront une grande histoire à conter cet été sur la plage du Mourillon. Quatre mecs qui déboulent à l'improviste au milieu de l'agence par une belle matinée d'été, cagoulés, gantés, braquant de forts calibres sur des gens sans défense... Effectivement, ça doit impressionner et faire assez peur. Aussi quand ces deux minottes se sont mises à hurler j'ai vraiment eu envie de tout plaquer, de m'arracher à cette opération démoniaque.

Tout l'argent du coffre et des caisses est enfoui au fond d'un grand sac de sport en toile souple. Stéphane me fait signe qu'il a terminé. J'invite les autres à dégager les lieux. Nous sortons un a un enrichis d'un sac rempli de billets. La somme semble plutôt coquette. Mais les témoignages apporteront un point supplémentaire à la carte d'accueil de la prochaine cour d'assises quand toute l'équipe se fera serrée. L'office de répression contre le banditisme se charge de la mise à jour des dossiers sur les gangsters qui courent les rues.

La Charleston s'échappe discrètement en se faufilant dans le flot de la circulation estivale, vire à gauche, tourne à droite pour rejoindre non loin de là des véhicules relais de puissantes cylindrées.

Malgré mes pressentiments le braquage s'est parfaitement déroulé. Le mécanisme est bien rodé. Le grain de sable était petitou. On roule encore un peu quand soudain, le cadeau surprise de l'Écureuil nous saute à la gueule. C'est le bug. Ils nous ont collé un gros virus. La cata ! Comme un pétard mouillé, une sourde explosion se produit dans le sac au même moment ou Stéph l'ouvre pour y ranger son flingue. Un gaz rouge envahi l'habitacle de la deuche pour s'infiltrer dans nos vêtements, sur la peau, dans la gorge. C'est l'asphyxie. On ouvre les portières. Ça s'affole, ça tousse, ça s'étouffe. Je garde mon calme et suggère la séparation à pied pendant que le Gros déposera son véhicule un peu plus loin. Le quartier est désertique ; il y a peu de risque de se faire remarquer.

La planque n'est pas loin. Muriel, une amie à Stéphane, nous attend dans un appartement prévu depuis quelques jours. On s'éjecte de cette chiotte le plus discrètement possible et séparément. La partie n'est peut-être pas perdue mais ça va plutôt mal.

Il y avait bien une merde !

Puis tout s'enchaîne si rapidement. Je n'ai pas le temps de faire le point ; on improvise au fur et à mesure mais je connais ce jeu... Il laisse des traces.

Le Gros va garer la deudeuche dans une ruelle derrière les bâtiments et revient en courant. Pas remarquable le Gros. Ce qu'il ne fallait surtout pas faire : courir ! Le petit grain de sable prolifère, grossit, fait des petits dans l'affolement du Gros. Sa course paniquée est repérée par une patrouille de police en alerte radio suite à un hold-up commis au Pont du Las. La patrouille en route pour la banque tombe sur cet individu complètement affolé et le suit à distance.

L'épopée d'une bande de malfrats s'achève.

La résidence est cernée par les forces de l'ordre. L'arrestation s'effectue dans l'énergie et la vélocité des spécialistes du GIPN... Sans bavures.

Empaquetés, ficelés, emballés dans les fourgons nous sommes déposés au commissariat de Toulon pour une garde à vue de quarante huit heures.

Mandaté par le procureur de la république, il ne faudra guère de temps à la perspicacité policière pour réunir un écheveau de preuves concernant quatre affaires de braquages commis sur des banques de la Côte d'Azur par la même équipe.

Incarcéré à la maison d'arrêt de Saint Roch à Toulon, une vieille ratière d'où partaient les bagnards des siècles précédents, le long périple pénitentiaire commence. Inculpé sur les quatre affaires de vol avec armes, je suis encore loin d'imaginer que je ne retrouverai plus ma liberté avant d'avoir purgé quinze années de prison.

L'instruction est compliquée. Le niveau intellectuel de chacun de nous est modeste, voire médiocre. On ne connaît rien en matière de droit pénal alors évidemment, nous allons très mal nous défendre. Nous n'avons d'autre instruction que celle de l'école primaire. Deux de mes complices savent tout juste écrire. Sur le plan de l'instruction civique, je suis totalement marginalisé au point de ne plus savoir où est la loi et son utilité tant l'injustice est exponentielle derrière le paravent de cette politique médiatique sournoise. Mes précédents séjours pénitentiaires m'ont fortement conditionné. Aussi, mon comportement révolté et mes dénégations sur certains faits dans une affaire qui aurait pu être banale, indispose le parquet qui va s'escrimer pour alimenter les médias du Var sur l'insécurité grandissante dans le département.

Le thème de l'insécurité, cheval de bataille des partis politiques, tombe à pic au moment des législatives ; surtout que cette équipe de malfrats arrive d'ailleurs pour écumer les établissements bancaires de la région. En somme le parquet politise. Personne n'y voit rien... Car si la criminalité bureaucratique spécialisée dans les détournements de fonds, les vols et trafics en tout genre, se sert de la corruption pour épargner cette source économique souterraine qu'il faudra blanchir, la mafia locale, elle, est quelque peu couverte pour échapper à une justice impitoyable.

Apeuré, abusé par un avocat fantaisiste, je m'embourbe dans un système de défense suicidaire en niant ma participation aux hold-up. Grossière erreur qui me coûtera une tranche de vie de quinze piges. À cette époque, abêti par les « conventions » de la voyoucratie, je ne prends pas en compte mes responsabilités et m'oriente à contre sens de celles-ci. Négligeant les devoirs de la vie en société parce qu'inscrit dans une existence en dehors des palissades de la loi, je ne puis appréhender cette nécessité à payer ses fautes et s'acquitter de sa dette sociale. Mon attitude peu commune tendant à éluder mes responsabilités excite un juge d'instruction qui se voit contraint d'exercer les pressions judiciaires afin que se manifeste la vérité : isolement, interdiction des visites familiales. Esseulé, abandonné, coupé de tout contact avec mes proches, je m'enfonce de pied en cape dans un état psychique qui ne fera qu'empirer au fil du temps. Plutôt que de me raisonner, une sorte d'orgueil conforte un repli sur moi-même.

Je m'enferme, je m'emprisonne dans le filet de mes déclarations idiotes faites de non-dits alors que la vérité toute nette suffirait à me dégager. Je deviens la bête
ignoble du juge d'instruction qui me cloue au fer de mes
déclarations fallacieuses. J'ai les pattes prises dans un
système qui me blesse jusqu'aux chairs. Le juge me pro-
met d'avoir ma tête et de m'envoyer quinze ans en enfer. Je m'en moque car je n'ai plus qu'une idée, m'évader.

Je n'ai pas d'ami en liberté sur lequel je pourrais solliciter de l'aide. N'ayant pas d'accointance avec les gens du
milieu, c'est en solitaire et par les faibles moyens d'un
voyou sans carrure que je vais agir. La police et les gens
de justice m'ont classé au registre des « gros gibiers » sans
discernement. Je marchais, certes, en dehors de la loi
mais sans dangerosité justifiant cet arsenal sécuritaire.
Et pendant que le magistrat s'applique à la confection du
parfait costard mafieux, c'est muni d'un morceau de lame
de scie à métaux de quinze centimètres et de draps noués
entre eux que je tenterai par deux fois de m'extraire des
griffes du monstre d'acier et de béton. Échec !

Naturellement, on ne prête qu'aux riches. Les magistrats soucieux de l'ordre et de la sécurité ne s'attache-
ront pas aux causes du désespoir de ces minables tentatives mais vont au contraire retoucher le costume afin
de mystifier le personnage. Ainsi l'opinion public peut
constater les prouesses de la lutte contre le grand banditisme. « Ne vois-tu pas que j'ai l'air d'un clown dans ton
costard monsieur le juge ? » Je porte une grosse tête de
carnaval au milieu d'un procès où cinq paumés qui ont
volé un peu de fric vont se faire broyer. Grotesque mardi
gras ! La grande traque de la féodalité judiciaire contre

ces petits vilains de banlieues est mise en scène pour une levée de rideau sur parodie de justice.

Pendant ce temps, la pure truanderie opère en toute quiétude sous le couvert de la puissance de la Bourse et de la politique. Parfois, une commission rogatoire dévoile une mallette de dollars provenue d'une mafia inconnue. Le dossier met à jour une affaire qui arrosait un réseau de poulets véreux et autres corrompus mais termine pucelle dans la corbeille du magistrat médusé, berné… roulé dans la farine comme un pannequet. Il ne lui reste que le menu fretin sur lequel il peut exhiber tout l'arsenal de ses années de Droit, persuadé de servir dame justice dans un immuable talent. Devant lui, la mondialisation mafieuse génère l'arborescence de l'injustice et le développement d'une misère acceptée, cause indéniable de la marginalisation et de la révolte enfantine.

Les tentatives d'évasion du paumé des quartiers d'isolement me valent trois ans de prison supplémentaires, quatre-vingt-dix jours de cachot, dix huit mois de retrait sur remise de peine et un statut de DPS (détenu particulièrement signalé). Une telle panoplie permet de justifier amplement l'éthique d'un individu dangereux à la lecture de la fiche pénale. Des motivations de surcroît qui alourdissent les peines infligées. Du coup, je totalise vingt quatre années de prison sur la même peine.

En effet j'ai volé la banque. J'ai aussi cherché à me soustraire à la justice en coupant leur si chers barreaux ; en effet. De plus et en effet, je serais parfois quelque peu rebelle face à nos institutions fondées sur une démocratie souillée. OK. Et cette marginalité vaut-elle la moitié de la vie d'un individu ? Ils distribuent les années de taule comme des cacahuètes.

Les séjours au mitard après les tentatives d'évasion ne m'ont pas mâté ni participé à ma resocialisation. Ils ne m'ont ni endurci ni affaibli. Ils m'ont exclusivement torturé durant d'interminables jours et nuits car au cachot, on ne dort pas, sauf d'épuisement. Le cachot, le chtard du chtard où il n'y a rien, absolument rien. Uniquement une cage de béton où l'on y emmure un être vivant. Cette punition a trois mille ans de civilisation. De quelle civilisation parlons-nous ?

Lorsque je n'étais encore qu'un enfant, ma mère me poussait vers les administrations pour devenir fonctionnaire. Pour elle c'était une réussite sociale sans précédent. Tout neuf et tout naïf, je supposais des gens excessivement bons et intelligents dans la fonction publique. Je ne connaissais pas bien sûr à ce stade de la vie le moindre truc sur la pénitentiaire et ses rouages administratifs. L'histoire a désenchanté mes suppositions utopiques en constatant la débilité de ce système barbare. Je crois qu'il faille récolter dans une vie tous les morceaux de bonnes choses et des plus mauvaises pour édifier une symbiose concluante de l'être. L'essence même de l'humain est l'esprit.

Mon parcours pénitentiaire me trimbale durant les quatre premières années d'une maison d'arrêt à l'autre. Les échecs et les tentatives d'évasions n'ont pas entamé mon moral. Je veux vivre alors je dois rester debout. Les transferts fréquemment répétés n'abolissent pas mon optimisme. Il me semble vivre une situation normale et le régime drastique que l'on me fait subir ne m'affecte pas. Je suis résigné à combattre le temps. Tout est normal. Comme si le point de cette existence remplissait les normes d'une courbe illusoirement choisie et vouée aux insuccès. Suis-je devenu un hors la loi par choix délibéré ? Je ne me suis jamais attaché aux causes de cette trajectoire incongrue. Un trouble psycho-affectif inhibe partiellement ma raison et le sens de mes responsabilités. Je n'existe plus qu'au travers de mes élucubrations criminelles qui ont alimenté durant quelques mois les faits divers de l'actualité régionale. Cité en caractère gras dans les rubriques judiciaires, je me vois prince d'un monde dont je revendique la propriété. Gonflé par des médias manipulateurs qui tracent une caricature d'envergure, je suis coincé entre l'humilité et l'orgueil. Mais le petit hors la loi de province a sûrement une nature beaucoup plus sympathique et sociable.

Je ne suis pas né hors la loi. J'ai grandi avec la loi et par la loi. Enfant et guidé par instinct de probité naturelle, j'ai rêvé comme tous les autres mômes de devenir homme de justice comme un Zorro ou un Eliott Ness. Mais la justice de mes rêves s'efface sur le tableau quotidien de cette néo-société de consommation. Mes histoires d'indiens en communion avec la nature où la chasse est synonyme de nourriture, où les danses nocturnes autour du feu riment avec culture, sombrent jusqu'à l'évanescence des souvenirs d'enfant bien sage ; et la réalité me frappe violemment la gueule. Elle est ingrate, douloureuse. Tout ce que je croyais de la justice n'est qu'un brasier d'illusions désormais atrophiées. Ma foi de vérité s'ébranle ; le fil de la raison a perdu sa voie. Mais je reste confiant en la justice divine, celle de la nature et en mon Christ, seul chemin de Vérité.

* * *

Mon père décède très jeune des suites d'un grave cancer. Je n'ai alors que quinze ans. Cinq ans plus tard, ma mère le suit et dans la même année mon frère Alain, cadet de dix huit mois, nous quitte aussi, tué dans un accident de voiture. Le temps n'aura pas mis plus de cinq ans pour détruire le noyau familial et ôter à mon existence les piliers de l'équilibre.

Sans plus de repère je me perds et dérive nulle part. Je vagabonde dans l'itinéraire du concept social. L'insouciance m'accapare, le je-m'en-foutisme m'empoigne, l'auto-exclusion s'installe. La nonchalance des sans-boulots oriente ma direction vers les méandres des bas fonds de la ville. Ici, règne un monde où les règles ressemblent à celles de mes jeux d'enfant, où tout se partage et tout se troque, où la rue matinale raconte les histoires de quelques figurants qui défrayent la chronique du quartier jusqu'au soir. Des feuilletons à l'instar de quelques Robin des Bois ou autre Calamity Jane. Dans chaque ruelle au comptoir du café matinal se côtoient les commerçants riverains dans leur tenue vestimentaire journalière. Le boulanger, le charcutier, le plombier, les prostituées et julots du secteur, les voleurs à la tire et futurs voyous spécialisés dans la cambriole, trinquent le godet matinal dans une convivialité assidue. Les comptes se règlent en service rendus ou retournés comme un troc d'aborigène. Les engagements se fixent dans un regard franc et direct. Les rendez-vous se donnent dans des endroits sordides et confidentiels. Les amitiés se scellent à la vie à la mort. Chaque jour on assiste au mariage de deux êtres. Je vis dans mon film, je vis mon cinéma et j'en suis acteur à plein temps.

Je récite mon rôle, improvise mes répliques, arrange le personnage de fiction en justicier au secours de la veuve et de l'orphelin. La mythomanie installe ses aventures rocambolesques. Je ne peux me mentir ou rester en marge de ce que j'hallucine et m'oblige à fuir cette impasse clochardise. Je ne suis pas sorti de mes jeux d'enfance et perpétue le prolongement de mon adolescence. Je n'ai même pas conscience des risques réels qui m'attendent plus loin. Je joue. Je joue avec la vie, aveuglé par le personnage d'une imagination puérile. Je glisse dans une inconsistance aiguë où s'éteignent les feux de l'utilité d'une vie sociale. Ma jeunesse filtre en coulisse d'un irréalisme stupide sur cette pellicule de séquences collées les unes aux autres dans un désordre absolu. Un vrai brouillon. Aucun objectif intelligent ou raisonnable n'éveille la moindre passion. Je n'ai pas de début et je ne prépare aucune fin. Ayant loupé mon entrée sur la scène du monde du travail, je me marginalise d'échelon en échelon en subsistant de rapines et de combines. Inséré dans une structure « achesse », le justicier imaginaire se transforme en hors la loi et devient gangster de luxe : un voleur de banques. Toutes les chances de me mettre en marche m'ont échappé et m'ont glissé des doigts. J'ai pris le mauvais départ.

* * *

Mes premières années d'incarcération ne sont pas constructives. Je me cherche. Je cherche la légitimité d'offrir à cet illustre cambrioleur d'agences bancaires un cœur grand comme celui de ses preux chevaliers légendaires. Les propos anarchistes des promenades pénitentiaires me conditionnent sur le bien fondé de la lutte contre une société capitaliste. Je perds la responsabilité morale et mélange tout. Pire, tout est bon pour conforter un point de vue qui me convienne. Ainsi posséder de l'argent devient une qualité qui suppose le bonheur. Mon esprit est cerclé par de mauvaises mânes encore, voire égoïste et vénal. Je suis exactement ce que je crois combattre. Je tourne comme une toupie qui se cogne contre les murs et repart en dodelinant, ivre de folie.

Et pourtant.

Et pourtant une étincelle en moi tente parfois d'enflammer sa lumière. Comme une étoile au loin dans la nuit surgit subrepticement, elle m'appelle à me lever et me mettre en marche. Bien que mon attitude, mes propos ou mes idées séduisent les gens de ce milieu, ma nature profonde dicte un besoin de découverte, une soif de savoir que j'avais enfant. « Chassez le superflu le naturel revient au galop. » Je ne suis pas un caïd du milieu ni le truand irréductible sans foi ni loi, encore moins un mafieux. Le pauvre mec qui a mal tourné a cru dès sa première incarcération trouver une voie de secours et une identité dans ce monde narcissique. Une solidarité fraternelle. La conjoncture économique des années quatre vingt, ébauche d'une longue crise économique sociale, alimente tous les ingrédients de ma glissade sur les pentes de la voyoucratie. Le premier séjour en prison du petit voleur à l'étalage exploite l'imagination des insolites péripéties truandes tirées des faits divers. Peu à peu et afin de trouver un strapontin sympathique auprès des grands, je me rends disponible aux histoires farouches du mitan. Dans l'ivresse pétillante des coupes de champagne au comptoir des boites de nuit, aveuglé par les spots scintillant leurs puissantes lumières, les affabulations grisantes de nos rêves fous deviennent le terreau de cet apprentissage au grand banditisme.

Le premier passage en prison peaufine les détail des inconduites nuisant au prestige d'une bonne presse. À la sortie de prison vient le moment de mettre en pratique les connaissances délictueuses acquises à l'école de la criminalité. Les connivences entretenues avec son âme durant les insomnies des longues nuits pénitentiaires vont s'appliquer à la réalité. Le corps est tombé dans l'engrenage et qui saurait l'arrêter dans un système qui rejette toute volonté de réinsertion.

Pour acquérir plus de compétences, je lis énormément de romans policiers, livres-fleuves dans lesquels coulent d'étonnantes recettes. Et ce sera grâce à ces bouquins que je vais prendre un goût savoureux pour la lecture. Mes lectures vont engendrer un mouvement qui va fonctionner presque inconsciemment. Les polars commencent à m'ennuyer. L'apparition du téléviseur en zonzon (1986) me fait découvrir des émissions culturelles et littéraires. Les écrivains me passionnent soudain. Je suis tout ouï devant mon écran à chaque revue littéraire. Les noms de grands maîtres d'œuvres littéraires et d'auteurs contemporains résonnent pour la première fois à mes oreilles. Les refrains déjà entendus se répètent avec Balzac, Hugo, Bazin, Zola, Flaubert, Vautrin, Pennac. Des noms qui deviennent de nouveaux amis. Je veux les lire, les rencontrer dans leurs histoires, voyager avec leurs personnages et m'évader dans leurs pages.

Je me mets alors à bouffer du livre matin midi et soir. Ce n'est pas une prescription contraignante mais une douceur capricieuse rafraîchissante comme un after-eight.

Je me sens moins con de pouvoir exprimer un avis sur une question littéraire même si ce n'est qu'un tout petit quelque chose. C'est beaucoup mieux qu'avant quand il n'y avait rien, rien que du vide, du néant. La lecture a libéré mon âme en ouvrant les portes du verbe emprisonné en moi. Jusqu'alors, la crainte de dire des inepties m'obligeait à me taire. Je me sentais exclu du langage et de la communication, exclu de culture. J'étais très éprouvé par ce manque de culture. Une auto-exclusion entretenue par l'ignorance.

Maintenant, j'ai acquis une capacité d'expression qui me rend moins timide. J'entame alors un cycle de lecture des talentueux écrivains pour le plus grand plaisir de mon esprit. Un régal. Les somptueuses phrases qu'animent des verbes totalement inconnus me bercent de leurs harmonieuses mélodies. Je relève tous ces mots sauvages et parfois barbares dans leur complexité sur des cahiers de brouillon en recopiant les définitions du Petit Larousse devenu Grand. Je veux comprendre. TOUT. Je veux savoir exactement ce qu'ils veulent dire. J'en recopie des centaines. Ma tête de petit cochon devient une grosse tirelire que je remplis de milliers de mots. Mes vieilles nuits d'angoisse se métamorphosent en nuits magiques où les rêves m'emmènent dans le monde féerique de mes immortels écrivains. Je m'engloutis dans les suaves récits que font vivre les truculents personnages des deux siècles pré et post révolution. Des époques où j'aurais aimé vivre mais après tout, mon monde n'est-il pas tout aussi semblable avec ses injustices, ses abus de pouvoir ou de droit, sa puissance capitaliste sœur de lait de la Royauté et bien entendu à souligner en gras, l'exclusion des banlieues enfantée de la Cour des Miracles. Tout n'est qu'éternel recommencement. Une justice pour les faibles et une autre pour les nantis. La bestialité peinte dans « La Terre » d'Émile Zola est encore moins sectaire que nos administrations actuelles attachées à des prérogatives inégales avec le reste du peuple.

Aussi, je me bourre les neurones de culture sans distinction. Ouvre le dico trente fois par jour et répertorie les définitions d'adjectif, verbes et mots étrangers. Puis je m'inscris dans un organisme de cours par correspondance spécialement réservé aux détenus et aux handicapés : Auxilia. J'opte pour une remise à niveau et des cours de français littéraire. Durant trois ans, je réapprends la merveilleuse langue qu'est la nôtre comme un jeune écolier de trente huit ans heureux dans son apprentissage. Je plafonne entre le ciel de mes études et les barreaux de ma cellule.

3

À la centrale de Moulin-Yzeure où j'ai été transféré pour officiellement purger la totalité de ma peine, les conditions de détentions sont bien différentes de celles des maisons d'arrêt. Le choix de cette affectation s'est décidé au terme d'un séjour d'observation à la prison de Fresnes. Dans cette prison française réputée en âge, 1889, renommée par sa vétusté, infestée par les rats, une section administrative pénitentiaire appelée CNO sert d'observatoire durant 5 semaines pour les détenus condamnés à de lourdes peines. Le CNO existe aussi pour les femmes : pas d'eau chaude, pas de douche, lave ton linge à l'eau froide à quatre pattes par terre. Pauvres gonzesses ! Durant ce stage, un examen doit déterminer la dangerosité de l'individu auprès des travailleurs sociaux, psychologues, médecins. Les procédures permettent à l'administration pénitentiaire de classer les détenus psychologiquement dans un profil pénal administratif propre à eux-mêmes. Ainsi défilent les petites croix et petites pipes dans les cases prévues à l'administration feignasse pour cataloguer l'individu. Et c'est avec ce genre de méthodes que l'on caractérise des êtres humains ? Vraiment, ça craint pour de bon ! Car tout n'est qu'une bouffonnerie. Une cascade d'interprétations fallacieuses ajustées au pif-au-mètre dans le remplissage des petites cases en faisant gaffe de ne point se tromper de case. Drôle de méthodes pour juger de l'espèce humaine. L'injustice dans toute sa splendeur au service de la justice. Pauvre France. Bien que le CNO paraisse à peine mieux entretenu, le reste de la taule est

un pourrissoir d'âmes perdues depuis plus d'un siècle.
Pour un examen de cinq semaines, je suis resté dix mois
à Fresnes. Ils sont vraiment à maudire dans ce ministère
de la Justice pour traiter les êtres Humains aussi injus-
tement. Et nous jouons les redresseurs des Droits de
l'homme. Faut-il en rire ou faut-il chialer ?

Aussi, mon arrivée à la centrale d'Yzeure qui vient de
subir un rafraîchissement entre en contraste avec l'état
des lieux de Fresnes. Les dispositions de la centrale permettent aux détenus d'effectuer le calvaire pénitentiaire
dans des conditions un peu plus acceptables pour vivre le
quotidien de la race humaine. Deux cours avec un aménagement basique pour le sport donnent l'espace suffi-
sant pour cette pratique. Mais les murs d'enceinte hauts
et gris laissent malgré tout le sentiment de vivre dans un
trou même si par endroit on peut y voir un bout de ciel.
La centrale est sans couleur, sans verdure, sans arbre ;
elle est sans âme.

La population de cet établissement est triée sur le volet
d'après un profil pénal établi par le CNO dans leur sé-
lection caractérisée ; les croix dans les bonnes cases si
possible. La plupart des détenus de cette centrale sont
fichés DPS : détenu particulièrement signalé.
    Si nous faisions un recensement de cette population
pénale ça nous donnerait en gros ceci : cent quatre vingt
détenus dont une cinquantaine purge perpétuité. Une
soixantaine porte le statut DPS suite à évasion ou ten-
tative d'évasion ou à une inscription au répertoire du
grand banditisme. Les deux tiers de la taule sont donc
considérés comme l'effectif des détenus les plus signalés

au ministère, c'est à dire dangereux. Un jour, j'ai vu au zoo un vieux lion qui n'arrivait plus à se lever tellement il était au bout du rouleau. Il n'avait même plus de chicos ! Mais devant sa cage restait accrochée par un fil de fer la vieille pancarte où était inscrit en rouge : « attention, animal dangereux ». Le pauvre n'arrivait même plus à ouvrir les yeux. C'est ça la taule ! Le reste des prisonniers est toutefois composé de condamnés à un minimum de douze années de réclusion. Tous ont un passé chargé et sont souvent récidivistes ou parfois considérés comme mutins, fouteurs de trouble. Ainsi, les cent quatre vingt mecs incarcérés ici deviennent d'inconséquents caractériels. Ce sont des durs alors c'est chaud ! mieux, c'est chaud bouillant !

Bien vite, je constate que l'atmosphère de cette centrale est tendue. Elle en serait palpable tant la densité est épaisse. Une agressivité sous-jacente qui prolifère dans les comportements individuels. Une agressivité sournoise qui se fiche dans les regards, par des attitudes mesquines ou des poignées de main données et reprises. Des clans se forment entre parisiens, marseillais, lyonnais, chichomans. L'union fait la force et auto-protège. Au milieu de cette horde sauvage se faufilent discrètement quelques détenus-étudiants qui espèrent donner un autre sens à leur vie.

En généralité, la plupart des lascars fricotent avec une débilité haineuse. Dans un tel climat, la violence vogue dans l'air présente et permanente et bien souvent exprimée. Quelques règlements de compte se manifestent par des agressions sauvages entre membres de deux clans. Ces bastons puériles entretiennent le climat invivable de cette plate-forme conçue à des années lumières de la réalité du monde. Une concentration d'individus rendus féroces par le plus rien à perdre. Cette monumentale erreur de nos politiciens n'éclaire pas les voies de la justice et de la réinsertion. Nous sommes dans un espace étroit matériellement et psychologiquement, un monde clos, un vase hermétique qui alimente le générateur d'une turbine à explosion, à implosion. Les taulards de cette centrale ont autre chose en tête que de préparer leur réinsertion. Non ! Ici les pélos préprogramment les prochaines décennies du banditisme. Ils innovent, restructurent les nouveaux principes de la criminalité. Ils sont professionnels en matière de banditisme ; ils le savent et le revendiquent. Les règlements de compte à venir se faufilent sur les coursives. Certains se prennent déjà pour les nouveaux parrains de la mafia franco-européenne. Ils ne vont pas s 'arrêter sur cette disproportion de la peine avec les faits commis par des remerciements. Bien au contraire se plaisent-ils à répéter, ils ont tout à gagner : l'argent dans les trafics moins risqué que le braquage, les filles évidemment qui vont de paire avec le fric, le respect dans ce milieu bouffon, une existence fastueuse sous le soleil d'Ibiza, de Marbella, la petite Californie européenne. Espana ! Plaque tournante des marchés de la drogue sur le continent voit l'épanouissement d'une mafia discrète et de nouveaux Scarfaces.

Des ambitions démesurées motivent le tempérament de ces hommes émargés de la société, prêts à tuer pour devenir chef d'un gang préstructuré depuis la Centrale. Dans cette marmite où mijotent des projets crapuleux imaginés par des êtres du genre homo-sapiens, comme par exemple le saucissonnage ou les agressions home-jacking chez les p'tis-vieux, la tension est à couper au couteau. Les esprits paranoïaques épousent les esprits mythomanes qui composent le cocktail d'une génération à mentalité exagérément contestataire. Persuadés du bien fondé de leur choix, ces hommes sans foi ni loi sont devenus ce que la Justice en a fait. Car ce dégoût de société n'est autre que l'overdose de cette justice que les médias réputent être à deux vitesses. Pouvons-nous évoquer une justice à deux vitesses puisque par définition elle serait intègre ? Elle exige le respect du droit et de l'équité. Or s'il existe des disparités ou des formes de corruption sous copinage réel, elle n'est plus à deux vitesses mais inexistante... c'est à dire abolie. Il est préférable de s'exprimer en termes de justice inexistante et non de défaillance. Car la Justice à devoir d'être impartialement Juste.

Les voyous de la centrale eux ne croient qu'en leur guerre et se grisent dans une amitié fourbe. Aujourd'hui ils se font des accolades de fréro, mangent tous ensemble les plats de spaghettis en se la jouant napolitain mais bientôt... ils se cracheront à la gueule et l'un d'eux videra le chargeur d'un colt 45 dans le bide plein de bolo de son ancien pote passé dans le camp adverse.

C'est dans cette soupière où se côtoient et se mesurent des lascars à la mentalité tordue que d'autres se frayent un chemin vers la sortie sans tremper dans ces salades scabreuses. Il faut éviter de se faire mouiller par d'éventuelles propositions malveillantes. C'est à petits pas que j'avance en me faufilant au milieu de ces longs couteaux, mes bouquins sous le bras recherchant dans les études le moyen d'échapper à l'inéluctable chemin de la haute criminalité. J'ai envie de faire quelque chose de bien de ma vie, de réussir par le travail, de réussir honnêtement. On pourrait bien sûr philosopher autour de la notion d'honnêteté mais je crois que les choses sont claires et bien comprises. J'entends par là accepter les règles de notre société, sa moralité et ses principes. Les autres détenus m'ont aussi compris. Ils me connaissent, respectent mon choix, me laissent tranquille, me soutiennent. Les plus durs aussi ont une âme. Je suis dans la résilience.

Un stage informatique est mis en place pour une formation dirigée par le Greta, organisme d'enseignement. La formation débouche sur un brevet professionnel d'informatique de gestion. Je présente ma candidature et passe les tests sans difficultés.

Durant toute l'année scolaire je m'investis dans cette formation accélérée dont le diplôme est validé par unités capitalisables. Je m'implique à fond dans cette aventure et travaille dur. Nous sommes au grand départ de l'avenir informatique qui, je le sais, bouleversera l'ensemble du système social. J'obtiens mon diplôme. La performance est d'ailleurs étonnante pour une prison selon l'organisme. Quatorze candidats détenus et quatorze candidats extérieurs ont suivi le même programme en parallèle avec les mêmes professeurs. Le brevet contient plusieurs matières : français, anglais commercial, monde actuel, mathématique, géométrie, comptabilité, technologie et analyse de programmation informatique. J'obtiens la deuxième meilleure note sur les vingt huit ; moi qui n'aie jamais rien réussi je me retrouve avec un équivalent bac pro en poche.

Lorsque je suis tombé cinq ans plus tôt, mon niveau était si modeste que j'osais à peine parler. Je sais évidemment que des milliers de jeunes gens ont un cursus bac plus trois, quatre, cinq et encore plus ; je les admire tant je suis fier d'arriver à quelque chose de bien à quarante balais. Rien n'est perdu dans le combat contre l'enfermement. La liberté intellectuelle est un oiseau qui saute de branche en branche et ne s'attrape pas. Réussir quelque chose en prison lorsque sa vie n'est qu'un recueil d'échecs accumulés est comme le chant de ce moineau. Il piaille sa joie à la vie. Encourageant. L'espoir est une lumière qui brille en soi. Je comprends que je suis capable de faire autre chose que des hold-up ou magouilles répréhensibles. Les études m'ont plu, me plaisent, me fascinent, me nourrissent. Je veux en ingurgiter jusqu'à exploser ma boite crânienne s'il le faut.

Je m'inscris à des études par correspondance, le CNED (centre national d'études à distance) pour un brevet de technicien supérieur. Seuls les cours écrits m'intéressent car mon dossier est encore trop loin des permissions de sortie pour prétendre aux stages en entreprise. Ma libération est trop loin. Alors je bosse en cellule sur mon ordinateur plusieurs heures par jour. Je l'allume vers huit heure le matin pour ne l'éteindre qu'à vingt trois heures. L'ordinateur devient le compagnon du séminaire pénal que j'effectue ; nous vivons en concubinage. Nous combinons avec l'ordi des programmes informatiques jusqu'à la nuit. Absorbé par mon travail, je fond dans le béton de la Centrale et creuse plus loin cet abîme entre la vie intérieure et le monde du dehors. Je n'existe presque plus. La prison m'a englouti. Je suis devenu aussi gris que les murs. Je fais abstraction de tout ce qui se passe autour de moi. Il n'y a plus de quotidien, l'existence devient uniforme. Dans le monde d'à côté les pugilats continus, les durs se haïssent à la mort ; la haine, vitale à la survie, grimpe contre cette institution afin de ne point tomber en loque. La cocotte boue. Ça bouillonne de l'intérieur.

La nappe gazeuse que dégage cette conscience collective inconsciente explose finalement. La déflagration se produit vers quinze heures d'un bel après midi d'été. Elle était inévitable… sauf si une direction intelligente aurait œuvré intelligemment. Pléonasme obligatoire !… Mais ne poussons pas l'abus de rechercher une forme intelligente dans la pénitentiaire. Ce serait peine perdue. Les bureaux du Haut sont conçus sans lumière ! Le saviez-vous ?

Une telle concentration de détenus les plus marqués de France, considérés comme éléments caractériels, imprévisibles et confrontés à des rapports de force permanents procède inéluctablement à un regain de violence. Depuis des mois une devise circule chez les plus irréductibles et se propage dans cette atmosphère en délire : « il faut tout niquer, ils vont voir de quoi on est capable ! »

Effectivement, ils sont capables de tout et du pire comme du meilleur ! Mais le mépris génère le pire. C'est tout simplement ce qui défini la qualité humaine : capable d'imagination créatrice artistique ou d'imagination diabolique. « En chacun de soi repose un être exécrable et à la fois excessivement bon » disait François Mitterrand. Dans un établissement pénitentiaire, c'est une vie complète qui s'y déroule. Une vie entière dans un espace de cinq milles mètres carrés pour trois cents personnes. Voilà leur planète pour y séjourner dix ans, vingt ans, trente ans.

Et l'Autre suppose appartenir à une société civilisée ? Et qui est l'Autre si ce n'est autrui ? Dans cet établissement pénitentiaire on croise des génies en toute œuvre. Des stratégies vues lors d'extraordinaires évasions par hélicoptère ; ou caché dans un trou immonde dans l'attente du moment opportun pour s'échapper afin de franchir ce mur d'enceinte impressionnant comme un Himalaya. Avoir comme espace vingt mètres carrés sur notre planète pour y passer la vie. Même au diable on ne pourrait le lui faire. Qui est le propriétaire de cette planète ?

Alors rien ne les freine. Ils vont au bout de leurs rêves et de leurs défis. Ils ont une âme guerrière à défier ce monde narcissique qui les humilie à chaque audience. Ils sont avant tout des hommes, avec leur sensibilité, le droit d'existence, le droit au respect et à l'écoute. Le mépris avec lequel les traitent les hiérarchies judiciaires attise les braises de ces esprits belliqueux dont la seule issue de survie reste la violence. Bannie de l'écoute, ils sont déshumanisés par l'absence totale de considération et d'amour dans leur vie. Les repères s'éteignent les uns à la suite des autres pour obscurcir cet horizon devenu ténèbres. L'asphyxie a gagné le poumon de la Centrale. Besoin d'air, besoin d'espoir, besoin d'être entendu. Écrasés sous le silence des tonnes de béton, ces enchristés à de très longues peines ne perçoivent plus le monde de l'humain, un monde naturel. Un monde sans amour est un monde sans oxygène. La vie ne respire plus. Au bûché de la déshumanisation brûlent leurs histoires amoureuses, leurs affections, leurs sentiments d'où renaîtra de ces cendres la bestialité innée de l'homme préhistorique isolé dans son retranchement, acculé au dernier baroud d'honneur pour sauver un poil de peau. Cette exclusion de l'amour se nomme la mort blanche. Le système a carbonisé l'âme de l'humanité.

* * *

Quatre détenus reviennent de la salle de musculation. Dans une aile au rez-de-chaussée ils croisent un surveillant qui, la veille, a fait expédier deux détenus au mitard. Si la prison conserve un rôle catalyseur pour le respect d'autrui et des biens, la sanction pénitentiaire quant à elle, est manifestement une condamnation infligée arbitrairement. L'enferment au mitard est un instrument de torture digne du moyen âge. Dans un établissement pour longues peines considérer comme le plus sécuritaire d'Europe, aucun dysfonctionnement psycho administratif ne peut être permis. Le détenu gère sa peine, son amendement, ses regrets, ses états d'âme, ses remords, sa souffrance mais aussi ses espoirs en fonction d'un environnement qui se devrait tenir compte de l'approche dans le temps de sa resocialisation. Or le règlement pénitentiaire élaboré par les conseillers techniques du Ministère de la justice, comporte des aberrations d'un autre temps et l'humanité semble reléguée au rang des amphibiens.

Le mépris enflamme la révolte.

Un des quatre détenus bouscule d'un grand coup d'épaule le surveillant qui se retourne pour rouscailler « Non mais ça va pas bien ! Je vais te mettre un rapport d'incident ! » Tu parles ! Avant qu'il n'ait terminé sa phrase, les trois autres détenus l'ont déjà contourné, ceinturé, détroussé de ses clés et poussé dans une cellule pour échapper à l'œil de la caméra de surveillance. Puis les quatre détenus munis du trousseau de clés, cette arme absolue, se dirigent vers le poste de commandements à l'étage. Ils dégainent de leurs jambes de pantalon une barre d'acier servant à fixer les poids en salle de musculation. À grands coups de barre à mine, ils fracassent la vitre du poste où le surveillant, stupéfait et impavide, ouvre des yeux globuleux d'étonnement. Face à cette violence soudaine et les éclats de verres, le surveillant se laisse neutraliser avant que les choses ne deviennent plus graves. Très vite, il comprend que les détenus sont en train de s'emparer du contrôle de la Centrale. Il est conduit vers son collègue emprisonné à son tour dans une cellule. Le monde bascule de son orbite ; tout se renverse. Un étage tout entier est ravi en quelques minutes avec deux otages. Les premiers mutins ouvrent toutes les cellules et cours de promenade. Le raffut alerte d'autres détenus qui se joignent à eux. Le noyau dur de la mutinerie grossit, enfle en peu de temps. La plupart sont maintenant encagoulés et entament une démolition systématique de tout ce qui se trouve sur leur passage. Le plus surprenant est la vitesse où s'enchaînent les événements. Les ailes de chaque étage sont gagnées rapidement pendant qu'un groupe symbolise la révolte en allant délivrer les deux détenus embastillés au mitard. D'autres surveillants et brigadiers sont à leur tour pris en otage. Les salles d'activités sont envahies, les professeurs retenus avec les infirmiers et d'autres intervenants. Seuls les chefs gradés du personnel s'enfuient par le greffe qu'ils bloqueront derrière eux afin de se protéger tout en restant maître de l'entrée principale.

Les acteurs de cette mutinerie ne sont pas plus d'une vingtaine et peut-être moins mais sont en position de force. Provisoirement certes mais dangereuse pour les vingt deux otages en route vers des heures tragiques où commence un face à face avec l'inconnu, l'incertitude et l'espoir. La prison flambe. Des foyers surgissent un peu partout. Des trousseaux de clés ravis aux matons sont exhibés par quelques cagoulards. La mutinerie gonfle encore avec quelques dégonflés qui troquent leur chemise au plus fort de l'instant pour les balancer plus tard. Tous les mutins sont cagoulés pour échapper à d'éventuels identifications photographiques des policiers déjà dans les murs d'enceinte. Le jeu de massacre s'étale à tous les étages. Des incendies enfument les coursives. Les canalisations d'eau sont éclatées ou arrachées. Des mètres cubes d'eau inondent les bâtiments. Tout est détruit, brûlé, saccagé. Les otages sont déplacés d'une cellule à une autre, d'un étage à l'autre, toutes les heures pour empêcher leur localisation par les forces de l'ordre.

Les hélicoptères de la police et de la télévision virevoltent sans cesse au dessus de ce lugubre décor. On croirait un film de guerre, pour de vrai. Les cordons de CRS entourent l'établissement et prennent position sur les toits. Un duel d'endurance s'entame entre les forces de l'ordre et les mutins. Les uns jouent de stratégie en déplaçant leurs boucliers humains ; les autres observent en avançant par expérience pratique jusqu'au plan d'attaque décisif. L'impression passive des policiers est justement de laisser pourrir la situation. Un stratège psychologique efficace qui bouscule les caractères. Les mutins ont les otages mais pas d'armes à feu ; les autres bien qu'armés ont le temps. Durant une douzaine d'heures, les policiers laissent l'avantage aux ravisseurs. Le but : les épuiser, court-circuiter leur système nerveux. C'est le jeu du chat et de la souris. Mais dans les deux camps on sait qu'il suffit d'un geste irresponsable pour mettre en péril la vie des otages ou d'un autre détenu. Cet instant n'a plus de hiérarchie ou de structure organisée. La bestialité humaine bascule toujours dans la folie. Heureusement que quelques uns gardent leur calme et ont pour objectif des négociations avec les autorités sur place.

Les échanges se font par personnes interposées. Les mutins évitent tout risque de contact direct. Leurs otages sont l'unique moyen de pression pour retarder l'issue fatale. Ils n'ont pas l'intention de faire du mal aux otages… sinon ce serait déjà fait.

Au cours de la nuit, la direction régionale de l'administration pénitentiaire envoie un chargé de mission ministériel pour parlementer. Encadré des services de sécurité, le missionnaire entend les revendications qui portent notamment sur la relation avec l'extérieur, les rapprochements familiaux, les parloirs intimes avec sa compagne, les incohérences d'aménagement de peine, les libérations conditionnelles inexistantes, les permissions de sortie et chantiers extérieurs rarement accordés… C'est une liste qu'on attribuerait à un chenil ou un zoo…

Les échanges se poursuivent et débouche sur des accords secrets entre eux. Côté forces de l'ordre on a cerné la situation entre les preneurs d'otages et les non-mutins. Les cadres fonctionnaires pratiquent habilement la langue de bois pour faire des porte-paroles leurs meilleurs alliés dans cette opération de sauvetage.

Vers les quatre heures du matin, les cent cinquante détenus passifs sont regroupés sur le stade. C'est presque tout l'effectif de la détention à l'exception des mutins. Beaucoup ont descendu une couverture afin de se protéger de la fraîcheur matinale. Quelques uns essaient de dormir à même le sol, d'autres marchent autour du terrain. Un calme envoûtant enveloppe la prison détruite. Horsmis les chuchotement des mecs sur le stade, il semble ne plus y avoir d'âme vivante dans le bâtiment. On se demande si les otages sont encore ici. Dans la pénombre, le bâtiment mort ressemble à un paquebot échoué en pleine campagne. Sinistre image de fiction.

Aux premières lueurs du jour, peu après six heures, une explosion réveille les corps somnolents à même le sol. Des têtes se soulèvent par dessus la masse des couvertures roulées sur les bêtes. Quelques coups de feu claquent. Il y en a trois répétitifs exactement puis, un quatrième à quelques secondes. Un cri s'échappe des murs, suivi d'un autre, et un silence macabre retombe sur le fantôme de la centrale. Un silence lourd, pesant, angoissant qui nous annonce une fin heureuse ou tragique du cauchemar.

Les vingt deux otages viennent d'être libérés. Un détenu a été blessé au bras par une balle bull-gum tirée d'un cador du GIGN. En définitive, il ne restait que cinq ou six mutins neutralisés en l'espace de deux minutes. Cette brigade spécialisée dans les prises d'otage recense des professionnels entraînés à cet exercice et sont équipés de moyens pouvant détecter à travers les murs. Sur le stade, nous étions loin de savoir où pouvaient se trouver les ravisseurs et leurs otages.

Nous resterons toute la journée sur le terrain de sport. Dès le soir, nous sommes évacués manu-militari par groupe sur d'autres établissements pénitentiaires. L'enquête déterminera les responsables, les actifs et les passifs de cette révolte. Au cours de l'instruction, certains détenus meneurs de la mutinerie n'auront de scrupule à dénoncer d'autres casseurs passés au travers pour s'octroyer une impunité et les bonnes grâces de l'administration. Ces canailles auront la partie belle de s'en tirer blanc bleu par leur délation. Mais l'œil de la conscience est au fond de soi et appuie son regard pour l'éternité.

— 4 —

Je dois partir pour la centrale d'Arles. Mon paquetage est prêt. Depuis l'émeute, je suis resté cinq mois en attente d'affectation à la maison d'arrêt de la Talaudière où j'ai pu donner des cours informatiques à d'autres détenus. Je travaillais avec un instituteur qui avait le bon sens de m'accorder des responsabilités. J'avais de riches échanges avec cet homme humble et généreux. Il a beaucoup apprécié mon action bénévole car ma modeste contribution a permis à d'autres détenus de croire en l'utilité des études en prison. J'étais le détenu modèle. Beaucoup me questionne sur mon parcours et les études. J'aide les autres, leur apprends la programmation, le traitement de texte, les pratiques de l'informatique. Ce passage à Saint-Etienne fera référence à mon projet de réinsertion. L'instituteur le validera d'une attestation certifiée de la direction. Cette attestation devrait appuyer le travail accompli.

Nous sommes une douzaine dans le car qui nous emmènent à Arles dans une centrale toute neuve construite dans le programme « plan treize mille » du nouveau gouvernement. Un plan de treize mille places supplémentaires dans les prisons de France. Argument démagogique sécuritaire complètement à côté de la plaque ! Pas grave de fermer les écoles ou hôpitaux du moment qu'il y a de la place pour jeter les gens au placard.

Le soleil domine une grande partie de l'année sur la région provençale. La centrale est plus spacieuse que celle de Moulin réduite en cendres. Les cellules et le terrain de sport sont ensoleillés presque constamment. Du coup on entrevoit un peu plus de lumière vers le ciel.

Je continue à me perfectionner en informatique et d'apporter ce que je sais dans cette matière à d'autres. Je profite du climat agréable des portes de la Camargue pour faire du sport. Chaque matin, je trotte un footing de dix bornes.

La construction d'un gymnase à l'intérieur de l'établissement permet aux détenus intéressés de suivre une formation sur charpente bois et maçonnerie gros œuvre avec les compagnons de France. Le chantier doit durer six mois. Je m'y suis inscrit. Le travail s'avère assez pénible notamment lors de la construction de l'ossature du bâtiment. L'assemblage de l'armature est fait de grosses poutres qu'il faut hisser à l'aide de cordes par la force des bras. Tout un travail particulièrement manuel. La chaleur et les moustiques sont de la partie quant aux difficultés d'ouvrage. Mais le chantier me plaît et je m'y implique généreusement. À l'issue du chantier, un diplôme de charpente-maçonnerie nous sera remis par la Fédération des compagnons de France.

* * *

La bibliothèque de la centrale est le lieu magique où je vais me recueillir dans le calme et la tranquillité. Un peu comme dans une chapelle. Cette sérénité apaise le corps tout entier. Les livres me content leurs histoires, leurs amours, leurs émotions et je m'accroche à leurs pages savantes comme une douce maman aux soins de son bébé. J'aime les vieux livres et leur odeur de parchemin.

J'éprouve une sensation de flottement exquise dont je ne me lasse pas.

Un jour, en fouinant dans la bibliothèque, je trouve un annuaire des Bouches du Rhône. La curiosité me pousse à le feuilleté jusqu'aux pages des Saintes-Maries de la Mer. C'est un village en Camargue où j'ai séjourné comme saisonnier dans ma jeunesse. J'y avais connu à l'époque des personnages hauts en couleurs, truculents, tous avec des histoires personnelles peu ordinaires. Un côté far-west sur la côte française. Des camarguais inscrits dans leur paysage comme les pièces d'un musée. Des visages et des noms me reviennent, je les recherche. Je relève le numéro de téléphone d'un ami avec lequel j'avais travaillé lors d'une saison d'été. Je note ses coordonnées et tenterai de l'appeler en fin d'après midi. Il ne peut pas m'avoir oublié.

Le soir même je l'appelle. Il est marié et papa. Ils me donnent les nouvelles des relations amicales que nous avions à cette époque. Beaucoup ne sont plus dans la région ; d'autres ont disparu. Notre conversation mène à sa sœur Véronique qui fût une collègue de saison à la brasserie Boisset aux Saintes. Elle vit à Saint-Rémy de Provence avec sa fillette qu'elle élève seule. Il n'a pas son numéro de téléphone sous la main mais je le trouverai dans l'annuaire. On se quitte en se promettant de rester en contact et de s'écrire.

Quelques jours plus tard, après vérification sur mon annuaire à la bibliothèque, je trouve le numéro de Véronique et l'appelle de la cabine. Une petite fille me répond très poliment. Je lui demande son prénom ; Mélissa m'indique que sa maman travaille à l'atelier ; elle va aller la chercher. Je me présente. Véronique ne me remet pas immédiatement car les années ont passées et notre relation était purement amicale. Aussi, elle a quelques difficultés à me remettre mais elle est curieuse, volubile et me pose plein de questions. Peu à peu Véro me remet. Nous bavardons un long moment et sommes tous deux ravis d'avoir eu cette conversation retrouvaille. Nous décidons de continuer notre relation amicale et de s'écrire. Je peux l'appeler autant que je le souhaiterait mais il faudra laisser sonner le téléphone pour lui laisser le temps de décrocher car son atelier est à l'autre bout de l'appartement. C'est un atelier de couture personnel où elle confectionne exclusivement des costumes traditionnels de sa Provence natale.

Le soir même je lui écris pour la remercier de son accueil chaleureux au téléphone bien qu'elle n'ait plus un souvenir très précis de ma personne lorsque nous travaillions ensemble. Il faut dire que chaque année les saisonniers changent et qu'elle en a vu défiler énormément. Alors on oublie les gens comme les saisons qui s'en vont.

Le surlendemain, j'ai une lettre de Saint-Rémy de Provence. Véro m'a répondu aussitôt et je file à la cabine lui exprimer cette joie. Nous sommes heureux de se parler, de nous écrire. Elle est franche, directe, ne triche pas. Son accent méridional me charme. Rapidement au fil des courriers échangés et de nos conversations téléphoniques, des sentiments plus affectifs se précisent. J'ai passé la quarantaine et suis enfermé depuis plus de huit ans. Après quelques semaines d'enquête par la préfecture on obtient un permis de communiquer. Je me suis souvent posé la question de ce qu'une enquête pour visiter les détenus pouvait bien foutre en préfecture ? Savoir si c'est la même famille ? Tous ces instruits de la fonction publique devraient faire leurs études secondaires à l'école primaire parce qu'ils ont dû louper quelque chose... et non je plaisante !

J'attends le jour de cette première visite avec impatience. J'ai envie de parler avec elle du monde extérieur et de passer un instant de douceur dans cette institution de violence psychologique constante. Je m'impatiente car tous les autres détenus sont rentrés au parloir. Je crains le parloir fantôme[2] ; puis on m'interpelle pour la visite ; Véro est en retard. Elle a dû se foutre presque à poil pour le contrôle. En effet, lorsqu'elle passe sous le portique anti métaux, le bazar s'est mis en route ; ça sonnait à tue-tête, m'a-t-elle raconté, car la robe d'arlésienne et la coiffe traditionnelle comporte des épingles d'assemblage par dizaines. La coiffe à elle seule se hisse d'une quarantaine de barrettes qui demande plus de quatre heures pour l'ajustement. Il faut en mettre des broches ! C'est ainsi que, vêtue en pure tradition provençale, Véro est entrée dans le parloir. Évidemment, on peut imaginer l'intérêt visuel de toutes les familles dans la salle commune posés sur elle. Là où le gris et la morosité dominent, un astre de lumière a surgi au milieu de la grande salle pleine de monde rien que pour moi ce jour-là. Je ne pourrais pas oublier l'entrée théâtrale d'une Arlésienne en plein parloir. Bravo Véro et respect Madame.

Les mois passent. Ma demande de libération conditionnelle est en préparation. Le dossier est complet avec

---

2 Fantôme : quand le visiteur n'est pas venu au parloir. On dit que c'est un parloir fantôme.

certificat d'hébergement à ma sortie et projet d'insertion. Le ministère de la justice envoie une délégation de psychologues pour une orientation des détenus candidats à la conditionnelle. Mon dossier est prêt. Un ingénieur d'étude de l'université d'Avignon me rend visite à la centrale. Mon Curriculum Vitae aurait retenu son attention sur l'option informatique. Il me propose de préparer une maîtrise d'ingénierie informatique étalée sur deux années. Préparation d'une licence en ce qui concerne la première année et maîtrise sur la seconde année. Je suis abasourdi, knock-out debout. J'ai du mal à assimiler tout ce qu'il me dit.

Durant des années, j'ai bossé sans recherche d'appréciation sur mon éventuel cursus. Son estimation me laisse sans voix, les larmes me montent aux yeux. Je n'ai même pas d'évaluation sur mes travaux autodidactes. Je serre la main chaleureusement de cet ingénieur d'étude avec l'approbation du projet apporté. Merci monsieur. Dès que nous nous quittons, je fonce à la cabine avertir mes proches et Véro.

Enfin, j'ai un projet d'enfer ! Véro au téléphone en rit de joie comme une enfant. Dans son esprit il n'y a pas de problème ils vont me relâcher. Son soutien, son optimisme, son engagement à mes côtés m'est précieux. Elle m'apporte une grande énergie.

Un agent de l'ANPE vient me rencontrer à son tour pour élaborer un dossier de prise en charge. Tout s'enchaîne rapidement et positivement dans le nouveau projet. Véro a raison, ça va être bon, il ne peut pas en être autrement, ne cesse-t-elle de répéter.

La direction m'accorde une permission de sortie pour passer des tests à l'université. Première sortie à l'air libre depuis plus de neuf années. Nous en avons profité pour voir des amis et faire un repas entre nous trois avec sa petite. Journée douce de tendresse et d'amitié. Esquisse de l'existence sous le ciel bleu et velouté de cette première liberté Provençale.

Les permissions se succèdent à rythme régulier pour des entretiens autour du projet et de la prochaine rentrée universitaire. Le ministre de la justice est le seul compétent pour autoriser une libération conditionnelle. Une association théâtrale, Chock Théatre et un député de la Loire soutiennent mon projet auprès du ministère qui leur a répondu être très attentif à ma demande. À réception de cette lettre, il n'y a plus de doute pour nous. Véro pense comme moi, on va m'accorder de continuer des études dans de bonnes conditions. Comment pourrait-on refuser à un détenu qui n'a ni tué ni blessé personne et a purgé treize années avec le jeu des remises de peine de poursuivre un projet de réinsertion aussi sérieux que soutenir une maîtrise d'ingénierie informatique ? Ça n'existe pas ! Les gens ne sont pas des ordures... Plus des deux tiers de la peine sont effectués et en se penchant sur le dossier, ils vont bien voir que la peine est totalement disproportionnée avec les faits reprochés. Mais on ne peut revenir sur la chose jugée. En revanche, il y a possibilité d'aménager la peine en fonction des faits, de la personnalité du condamné, de la situation familiale ou professionnelle et bien sûr, du crime.

L'attente est longue. Je vis les instants les plus difficiles de ma détention ou plutôt, devrais-je dire, les plus fragiles. Je suis à l'orée de pouvoir accéder à la vie sociale. Deux années d'études seulement me séparent de l'arrivée.

Que de chemin parcouru et de bouquins potassés pour en arriver là sans compter les jours et les nuits entières sur des programmations rebelles d'informatique.

L'enquête ministérielle est longue. L'attente peut durer des mois voire une année complète.

Le Juge de l'application des peines soutien mon projet et m'accorde une permission de sortie de quatre jours qui va me permettre de décompresser. Nous partons aux Saintes-Maries de la mer pour mon premier séjour de liberté. Depuis dix ans, pour la première fois je plonge dans la mer. Elle m'aspire, m'engloutit, m'enveloppe de sa tiédeur. J'ai l'impression de me débarrasser d'une crasse imprégnée jusqu'au plus profond de mes pores. Ce bain de mer me purifie, m'assainit, me purge. Je me laisse caresser par les rayons du soleil de septembre en appréciant pour la première fois l'immensité du monde, l'infini de l'espace, toutes ces choses balayées par l'instinct coutumier et qui ne surgissent avec splendeur qu'à ceux qui ont vécu des années dans la pénombre d'un trou.

Sur la plage, les rires et les cris de joie de quelques enfants s'envolent avec la légèreté d'un papillon porté par la brise de mer. Quelques anciens ronronnent sur le sable chaud. Je m'allonge non loin pour savourer à mon tour le duvet de la plage en regardant le ciel. Le bonheur est tout simple en vérité. Il est uniquement édifié par cette multitude d'instants de paix collés les uns aux autres.

5

Ingrid connaît depuis quelques mois des problèmes de santé. Sa mère que je contacte par téléphone ne sait plus de quelle manière trouver une solution adaptée pour des soins appropriés. Ma situation n'aide pas car depuis la prison, je suis dans l'impossibilité de faire quoi que ce soit pour l'aider. À vingt deux ans, elle n'a connu jusqu'alors que des petits boulots saisonniers ou intérimaires entre deux galères. L'influence du monde artificiel que procurent certaines substances l'a contrainte à une accoutumance dont elle n'arrive plus à se défaire. Soucieuse d'éviter toute peine de cœur à sa mère ou son père, elle nous raconte des histoires montées de bout en bout par des désirs qu'elle voudrait réalité. Prise au piège de l'accoutumance des drogues dures, elle s'est enfermée dans une autre prison sûrement bien pire que la mienne. Ses mensonges ne sont pas un problème préoccupant en ce qui me concerne. Je connais la musique, la défaite du camé qui s'installe sur un lit de mensonges afin de cacher sa dépendance. Plutôt que d'aider les faibles ensevelis sous la contrainte stupéfiante, les gouvernements préfèrent les rendre coupables en les jetant en prison. Quelle mentalité de merde ! Ainsi, ils se blanchissent de toutes responsabilité. La condamnation du drogué, de l'alcoolo, du malade donc, est la démonstration flagrante de la lâcheté politique.

Ma difficulté est que ses mensonges fausse mes perspectives pour lui donner une aide efficace. À bout de ressources, je décide d'en faire part au juge des affaires familiales de Saint-Étienne et au directeur de la centrale. N'ayant aucun retour de cette alerte, j'en conclus que ce genre affaire ne les concerne pas. L'avenir me dira que j'aurais dû déposer une plainte pour non-assistance à personne en danger. Une autorité qui sait et n'intervient pas est coupable. Cette inertie administrative me débecte et me laisse un sentiment de colère parce qu'ils sont tutelles de ma personne. Ma fille est en danger et j'aurais besoin des responsables de tutelle pour venir au secours de mon enfant. Heureusement, Véronique m'apporte une aide précieuse et accueille Ingrid chez elle pour le gîte et le couvert. Par ailleurs, Véro l'aidera à trouver du travail en Provence. Ayant quelques relations dans la région, elle envoie ma fille chez un couple de restaurateur qui l'embauche pour un peu de temps. Ici, à Saint-Rémy, Ingrid pourra s'en sortir j'espère. Le triangle de la resocialisation, gîte, couvert, boulot est en place.

Les premières semaines se déroulent plutôt bien. Véro et sa fille apportent une épaule fraternelle à cette jeune fille paumée. Mais Ingrid ne tient pas ; le manque triture ses chairs et son corps qui réclame la dose. Son emploi du temps se décale jour après jour aux heures des repas ou de nuitées passées hors la maison. Elle ne fait plus que quelques apparitions de plus en plus espacées au domicile accueillant et finit par disparaître. Plus de nouvelles. À nouveau le néant. J'en veux à ces institutions incapables de résoudre tous les problèmes de la jeunesse. J'ai bien sûr aussi ma grande responsabilité dans la déchéance maladive de ma fille mais je suis dans l'immédiat neutralisé. Je n'ai aucun moyen. Véro est déçue. Je la rassure de ne point culpabiliser d'un échec qui n'est pas sien. Ce n'est l'échec de personne puisque c'est le choix d'Ingrid. Elle ne fait de tord à personne sinon à elle-même. Elle est peut-être retournée en région stéphanoise ou ailleurs... Nous aurons peut-être des nouvelles dans quelques temps...

Le jour de la rentrée universitaire prévue le 5 septembre approche. Le ministère de la justice n'a toujours pas rendu de réponse. On nous fait la morale en permanence qu'il faille se prendre en charge par la volonté et la pugnacité pour s'intégrer dans le monde du travail aujourd'hui, mais tous ces beaux parleurs engoncés dans leur onéreux fauteuil en cuir se fichent comme de leur première chemise de ceux qui veulent s'en sortir. Leur bla-bla ne cerne pas l'interprétation entre ceux qui veulent, souhaitent ou désirent. Dans le cas de la présente demande de conditionnelle, il m'a fallu bosser dur pour faire face aux frais de mes études. Tout au long de ma peine, j'ai travaillé et fait des études secondaires sans pour cela bénéficier de remise de peine supplémentaire comme le prévoit le code de procédure pénale. Bien au contraire, j'ai été lésé. Je n'ai eu aucune rétribution en remise gracieuse pour les cours que j'ai dispensé généreusement à la maison d'arrêt de la Talaudière. L'entrée universitaire est dans moins de huit jours et le ministère n'a toujours pas répondu pour que je sache si je serai sur les bancs de l'Université à la date fixée. Le mépris avec lequel on nous considère vaut moins qu'un crachat sur un crapaud.

Le juge d'application des peines en charge de mon dossier revient à mon soutien. Voyant ce retard injustifié du ministère, il m'accorde une permission de sortie pour avertir l'université que je prendrai mes cours ultérieurement. Je profite des journées accordées pour décompresser. Je

suis à bout. Pourtant, Dieu sait si j'ai de l'endurance !
La condition humaine a sûrement des limites qu'on ne
saurait jauger par anticipation. J'ai l'impression qu'on
cherche à me pousser jusqu'à l'ultime frontière du sup-
portable. Mais je tiens bon sous l'égide de Véro et de son
amitié protectrice.

* * *

La surveillante cheffe m'a fait appeler dans le bureau du
directeur. Beaucoup de femmes depuis quelques temps dirigent des établissements pénitentiaires. L'administration
n'a pas attendu la loi sur la parité pour offrir des postes
à lourdes responsabilités aux femmes. C'est étonnant et
même plutôt singulier le respect qu'impose la femme auprès de ce rassemblement de durs que suppose l'univers
carcéral. La sensibilité matriarcale de l'homme source à
l'esprit féminin. La femme suscite un respect accentué
par le port de l'uniforme. Cette femme militaro fonctionnaire devient le mystère de la femme-homme en détention. C'est nouveau et ça marche aussi.

Lorsque j'entre dans le bureau, je perçois aussitôt l'aspect
cérémonial de l'entretien. Le directeur, la cheffe, l'assis-
tante sociale me reçoivent l'air grave, le visage terne et
amer. On m'invite à prendre place dans un quatrième
fauteuil en vieux cuir. Je me croirais dans une réunion
d'officiels. Je suis accueilli avec ménagement et même
délicatesse mais le ton est aussi austère que s'il y avait
un décès dans la famille. Je vois pourtant une compassion dans les regards posés sur moi ; tous les yeux sans
exception. Le directeur ouvre le volumineux dossier sur

lequel je peux lire mon nom. Il me tend une lettre à l'effigie du ministère de la justice sur laquelle il a été inscrit en très grosses lettres majuscules écrites à la main, en travers de toute la feuille et en rouge, en rouge souligné de deux traits rouges : REJET !

Un rejet comme une insulte ! Comme un blâme ! Comme une punition-sanction ! Comme un caillou en pleine gueule ! J'ai l'impression d'avoir pris un coup pied dans la bouche. Je reste collé à mon fauteuil, désemparé. Une énorme boule vient me nouer la gorge. Je ne peux plus parler. Rien ! Le néant ! À quoi bon tout ce travail, tous ces efforts, toutes ces démarches impossibles de l'intérieur. À quoi bon toute cette volonté d'insertion, toute cette foi, lorsque face à toi le mépris écrase en trois coups de crayon rouge les années d'études auxquels un homme a cru. Le rejet de ma conditionnelle n'est pas ce qui m'affecte le plus mais c'est avant tout le rejet de mes études, le rejet de celui qui vient de trop bas pour être admis. Ça me rappelle mon premier prof de math en sixième qui m'avait lancé un « pouff », quant à la demande de profession paternel j'avais répondu que mon père était mineur. Le mépris ! Je n'ai plus la force de me lever. La cheffe me demande si ça pourra aller ; si je ne désire pas avoir un compagnon de cellule pendant quelques jours... Ils te mettent des grands coups de bâtons puis craignent que tu te suicides. Ils prennent des décisions qui s'avèrent à risque et ensuite font les inquiets sur ta santé. Quelle hypocrisie ! Mais mon esprit est serein. Que croient-ils ?... Qu'il va me falloir une nounou parce que ces instruits ne sont pas assez compétents pour répondre à un projet de réadaptation sociale ? Pauvres cons ! Non madame, merci ; je n'ai besoin de rien. Des vieux routards de la taule m'avaient averti : « Méfies-toi Jack, ce sont des chiens ! Tu leur sers uniquement pour justifier leurs intervenants et la propagande fallacieuse qu'ils mènent autour de la réinsertion. Mais pour eux tu n'es qu'un voyou, tu es dans l'effectif ».

Intérieurement j'enrage. Ils avaient raison. Ma crédulité m'a aveuglé. J'y croyais à l'Université, au détenu modèle qui va cartonner en maîtrise. Ce n'était qu'une illusion relative au décalage qui se crée entre la réalité du monde extérieur et celle de l'enfermé qui refuse de croire qu'il est un rejet de la société, qu'il n'est plus humain mais taulard. Il suffit d'avoir deux trois personnes qui continuent à vous aimer, parents, frères, sœurs, amis ou enfants, pour croire en cette utopie que tout le monde il est beau et gentil. La tolérance est devenue utopique dans ce monde narcissique. Il n'y a de tolérance que pour les gens d'en haut puisqu'elle est en dessous du seuil zéro depuis longtemps pour tous ceux d'en bas.

Je n'ai pas la force d'appeler Véro et mes proches. Un courrier sera plus facile. Je culpabilise d'avoir laissé croire à ma sœur et tous les miens que nous étions au bout du calvaire. Dix ans de taule ! Que leur faut-il encore, ma peau ? Nous étions tous tellement persuadé que les portes de l'université étaient aussi celles du purgatoire et de l'absolution de mon passé de bandit. Il n'y a pas de rémission pour le hors-la-loi.

* * *

Les semaines ont passées. J'ai su qu'Ingrid faisait quelques apparitions chez sa mère. Noël approche. Véro prépare les fêtes de la nativité afin de nous réunir avec les enfants pour cette occasion. Eva et Mélissa sont à peu près du même âge. Elles ont dix ans toutes les deux. J'ai finalement retrouvé le contact avec Ingrid qui prendra en charge sa sœur pour ma permission. Je monterai jusqu'à Saint-Étienne récupérer mes filles qui habitent chacune chez leur mère et nous passerons le réveillon à Saint-Rémy de Provence.

Un ami dans les Bouches du Rhône m'a prêté un véhicule.

Arrivé à Saint-Étienne, je me dirige à l'adresse qu'Ingrid m'a indiquée dernièrement. Mais je suis assez inquiet car depuis deux jours je n'ai pas réussi à la joindre. J'ai appelé sa maman qui n'a plus de nouvelles depuis une semaine. Mon inquiétude grandie. À l'adresse indiquée, je trouve porte close. Je m'adresse au voisinage pour me renseigner si quelqu'un l'aurait vue. Rien. Les gens m'orientent vers des bars de quartier qu'elle serait sensée fréquenter... J'irai dans la soirée.

J'ai tourné dans toute la ville, revu quelques vieux amis ainsi que mon frère Antoine et ma sœur Yvette. Cette opération de recherche me traîne dans une soirée tardive d'un troquet à l'autre avec l'espoir d'y trouver ma fille. Mais rien. Pas d'Ingrid en vue. Volatilisée ! Invisible depuis huit jours. Portée disparue à la maison comme à la ville. J'ai purgé dix ans de taule, c'est le premier Noël que nous allions passer ensemble mais la belle s'est envolée. Introuvable. On m'apprend qu'une rafle a eu lieu au centre-ville dans le cadre d'un démantèlement de réseau de drogue. Un des quartiers qu'elle fréquente assidûment d'ailleurs. Elle ne devrait pas être bien loin.

D'ici qu'elle ne se trouve pas en garde à vue juste le jour de ma permission. Je suis mort d'inquiétude mais heureusement pas fou de rage. On ne disparaît pas comme ça. À coup sûr qu'elle doit être au trou. Des jeunes gens me refilent l'adresse d'un de ses copains. Il habite sur les hauteurs de la ville ; je monte le voir.

Une dame m'ouvre, sa maman, me dit-elle. Elle m'invite à entrer jusqu'à la chambre de son fils. Le mec est assis sur son lit. Il a du mal à s'exprimer. On croirait le gars ivre mort mais en fait il est camé et en surdose le mec. Il ne tient pas debout, du tout ! Il me raconte dans son baragouin qu'il se cache à cause de la descente de flics dans le quartier du Crêt-de-Roch. Ingrid ? Il l'a vue il y a deux ou trois jours mais ne sait pas si elle s'est fait prendre. Je le quitte en les remerciant lui et sa mère. Déjà, je sais qu'au moins quelqu'un a vue ma fille depuis peu. Elle est à Saint-Étienne. Je pense me renseigner au commissariat mais je révise cette initiative car elle n'y est peut-être pas et inutile de rappeler mon existence aux perdreaux. Je risquerais de charger ma fille d'une suspicion perfide si elle n'est pas mêlée à l'affaire. Les mauvaises langues s'en chargeront va. Ce n'est pas parce qu'elle fréquente le quartier qu'elle aurait quelque chose à y voir. Pour l'heure, la solution est d'attendre le lendemain. Depuis vingt quatre heures que je remue toute la ville, quelqu'un finira bien par lui dire que son père la cherche et dès lors, elle contactera sa mère. Je vais redescendre à Saint-Rémy-de-Provence mais auparavant laisser toutes mes coordonnées à Martine, sa maman.

Le lendemain, je récupère Eva chez sa mère et nous partons dans le sud fêter Noël avec Véro et Mélissa. Les gamines sont heureuses d'avoir chacune une copine pour leurs vacances d'hiver. Je concentre ma présence à cette heureuse fête mais mon esprit est soucieux. Qu'est-il arrivé à Ingrid ? Où est-elle ? J'ai rêvé ce Noël pendant des années et il m'échappe aspiré par le destin inconnu de ma fille.

* * *

25 décembre, dix heures. La sonnerie du téléphone me réveille. Je fonce à l'atelier décrocher le vieux téléphone mural avant que la sonnerie ne cesse. Mon intuition me dit que cet appel est lié à ma Gridou, diminutif que lui donnait ses grands parents dans son enfance.

– Allo !

– Allo ! C'est toi mon p'tit père, me chante la voix de l'autre côté. Je suis à Saint-Étienne. Tu peux venir me chercher ?

C'est du direct mais purée quel soulagement. Je suis soudain si heureux de l'entendre au petit matin de Noël. Elle a la voix fracassée ; elle semble épuisée. Qu'a-t-il bien pu lui arriver ?

– Comment vas-tu ma fille ? Donne-moi l'adresse exacte d'où tu te trouves et ne bouge plus jusqu'à ce que j'arrive. Je suis vers toi dans moins de trois heures. Surtout ne bouge pas. Attends-moi, ta sœur est avec moi.

Ses sanglots me brûlent les tripes à entendre cette souffrance car je reconnais à peine sa voix.

– Je ne bouge pas. Je t'attends. Viens m'aider s'il te plaît papa.

Toute sa détresse me submerge en entier, du corps à l'âme. Pour la première fois de ma vie j'entends un véritable appel au secours. J'explique ma conversation à Véro et je reprends la route pour un aller-retour : Saint-Étienne – Saint-Rémy. Tu parles d'une permission ! J'en bouffe la moitié sur la route à jouer Colombo en goguette. Super !

Arrivé à Saint-Étienne, je fonce directement à l'adresse indiquée. Un jeune homme me reçoit et me fait entrer dans un petit salon meublé d'un pauvre canapé et d'une vieille table basse écrasée par un lourd cendrier représentant une grenouille remplie de mégots. Ça pue le tabac froid et le chichon. Deux autres garçons sont assis sur le canapé et se lèvent pour me tendre la main. Tous sont très polis. Ingrid se dégage de son fauteuil et vient s'étreindre dans mes bras. Purée elle est mal en point la nana. J'ai peine à reconnaître ma fille. Elle est shootée. Je lui demande si elle est prête. Elle l'est. Son copain, celui qui m'a ouvert, veut me parler en privé dans le vestibule. Je le suis.

Il me raconte qu'Ingrid va très mal, qu'elle fait des conneries à cause de la came car elle se shoote grave et il faut l'aider. Elle ne cesse de leur parler de son père. Il paraît que je serais le seul à pouvoir l'aider, voire la sauver... À ce point ? En effet, c'est grave. Ce que vient de me raconter ce môme d'une sincérité évidente me torture les chairs. J'ai une grosse boule dans la gorge et en même temps une hargne de combattre. Si ma conditionnelle n'avait pas été rejetée nous n'en serions pas là et je l'aurais certainement déjà sauvée. Je sens mes mâchoires et mon front se crisper, mes muscles vibrer sous la peau. Oui mon garçon, je vais l'aider, je suis venu pour ça.

Nous quittons ses amis sans avoir discuté de ce que nous allions faire. Bien que j'aie beaucoup entendu parler des accoutumances à la came et du comportement des sujets, je ne crois pas encore avoir rencontré un drogué de près jusqu'à aujourd'hui. C'est la première fois que la vie me confronte à une mission de sauvetage. Et si je veux l'accomplir le choix n'est pas facile. Il s'agit de l'avenir de ma fille ou du mien. En roulant je ne pense plus à grand chose. Je roule avec ma gamine camée à mes côtés. J'évite de réfléchir : la permission gâchée, le temps perdu à chercher nulle part, la joie de retrouver ma fille et d'envisager un Noël tous ensemble.

J'improvise un programme pour que nous passions ces fêtes convenablement malgré le coup de massue que je viens de ramasser. Un sac plastique dans lequel Ingrid a bourré ses affaires qu'elle trimballe d'une cache à l'autre, d'une cave à l'autre et ma fille totalement déglinguée qui se traîne comme une vieille femme ivre. Je dois sortir de ce brouillard. La gamine à mes côtés tousse, tremble… Elle est blanche et cireuse comme un cadavre.

Avant de repartir à Saint-Rémy de Provence je tiens à ce que l'on passe voir sa mère morte d'inquiétude à cette heure. Ingrid me parle d'un traitement obligatoire. Il paraît que c'est pour la toux. Ça se nomme : Néocodion. Je lui dis que nous allons chercher une pharmacie de garde et prendre une boite. « Ha mais non ! Il faut trois ou quatre boites au moins ! » Quoi ? Là je n'y comprends rien. Je n'ai jamais entendu parler de ces cachets là ? Elle me dit avoir l'hépatite C ? J'ai souvent entendu des infos sur cette pathologie en zonzon. Les détenus en parlent beaucoup comme une jumelle du sida… Deux maladies qui marcheraient ensemble parait-il ? Nous sommes dans une épidémie sidaïque qui fait trembler la planète mais l'hépatite paraît moins grave selon les médias. Je me demande ce qu'eux savent du fléau ? Mais j'ai le sentiment que ce n'est pas si grave pour Ingrid et mes craintes s'estompent ; la peur aussi. C'est un peu brouillon. J'ai quitté une enfant de treize ans en excellente santé et je retrouve une jeune femme de vingt-trois ans, vêtue de sa peau sur les os. Elle accroche mon bras comme sa bouée de sauvetage.

Martine nous attend sur le perron de sa maison à notre arrivée. Soulagée de revoir son enfant après trois semaines de silence. On s'embrasse tous. Gérard, le mari de Martine nous offre le café. Après quelques échanges sur nos situations Martine craque. Elle fond en larmes ; son époux tente de la consoler. Je suis très mal à l'aise, impuissant. Je les sens tous pendus à moi comme si je pouvais faire un miracle. J'ai mal de voir sa mère pleurer ainsi, de voir le désespoir de Gérard, d'entendre entre les hoquets de Martine cette plainte constante : « on va la perdre, je ne sais plus quoi faire. » J'ai une boule dans le ventre, dans la poitrine.

Et c'est sorti d'un coup. C'est monté du cœur ! Mon instinct paternel mais peut-être aussi une révolte parle à ma place : « On ne va rien perdre du tout, dis-je soudain en articulant bien chaque syllabe. Je vais rester avec elle. Je vais l'emmener et elle se fera soigner. Je ne rentre pas. Je reste avec ma fille. De toute manière ça ne change rien, ils ne veulent pas de ma réinsertion. On ne va pas la perdre Martine, je m'en occupe. »

Subitement une paix s'installe. Noël vient d'entrer dans la maison. Des sourires apparaissent sur le visage de chacun comme si je venais de prononcer des paroles magiques. Je n'ai pas vraiment réfléchi et je suis en train d'en prendre conscience mais je ne peux pas les décevoir, leur ôter cette grâce de l'instant. Ce que je viens de dire, je dois le faire. La parole vaut l'homme. Une détermination inspire mes vieux réflexes de voyou. Le protocole de la marginalité et de l'illégalité se met en place avec une aisance familière. Pendant que j'envoie Ingrid préparer un sac de linge pour tenir deux ou trois mois, j'explique à Martine et Gérard comment je vais organiser mes contacts avec eux. Tout d'abord, ils ne m'ont pas vu et n'ont pas de mes nouvelles. Ils auront de nos nouvelles par le téléphone de leur boulot et c'est nous qui les appellerons depuis des cabines téléphoniques et... pas de nouvelles, bonnes nouvelles.

Dans la soirée, nous repartons pour Saint-Rémy de Provence finir notre Noël et la permission chez Véro. Nous ne dirons rien à personne. Il me restera quarante huit heures d'avance à l'issue de la perme pour quitter le pays. Ensuite, le parquet lancera un avis de recherche. Je serai un évadé.

6

J'ai pris une décision qui, après coup, conduira à des effets de conscience. Se mettre en cavale au bout de dix ans de ratière alors que la plus grande partie est derrière et la peine non loin de la fin, ce n'est pas raisonnable et même insensé. J'engage une action sur un coup de tête car au fond de moi j'assimile l'énorme connerie présente. Il m'aurait suffi de téléphoner au juge pour lui expliquer les problèmes familiaux qui justifiaient mon retard. Tout simple. Je ramenais Ingrid chez sa mère qui se débrouillerait avec son histoire. Trop tard.

Je sillonne la ville à la recherche d'une pharmacie pour m'approvisionner en néo-codion. Pourquoi faut-il exactement ce médicament là ? Elle me dit que ces cachetons réduisent l'effet de manque. Je tourne la tête côté passager tout en restant attentif à la route. La gosse est toute pâlotte sur son siège. Que peut-il bien y avoir dans sa tête en cet instant ? Peut-être rien d'autre encore que du néant. En revanche, je ne sais dans la mienne de caboche. Ça devient le boxon. Je suis en train de sacrifier le reste de la famille pour la sortir de son trou. Je sais que je fais une énorme boulette mais ai-je le choix ? Si je la lâche maintenant elle ne s'en sortira jamais... Brusquement, Ingrid se met à hoqueter. Elle veut vomir mais n'y arrive pas, seul un filet de bile s'écoule de ses lèvres.

Voilà que soudain elle ouvre la portière avant et passe la tête à l'extérieur. Je freine, ralentis, me maintien au milieu de la chaussée pour ne pas accrocher la portière ouverte et surtout qu'elle ne se referme sur ma fille. Purée mais qu'est-ce qu'elle fout ? Je stoppe en double file, essaie de l'aider à vomir tout en lui parlant ; mais elle n'entend rien ; elle est en vraie crise de manque, les yeux révulsés. Oh elle ne va pas me claquer dans les mains. Cette scène me ramène à mon enfance quand mon père prenait les mêmes crises quelques temps avant sa mort. J'étais môme lorsque les malaises le couchaient dans le jardin où il tombait raide en vomissant de la bile, les yeux plongés dans le ciel, tout le corps secoué de spasmes et de tremblements qui le raidissaient à faire un arc de son dos. C'est le crabe qui le rongeait. Et là, c'est ma fille qui veut me glisser entre les doigts. Je ne sais même pas ce qu'il faut faire car aller à l'hôpital veut dire appeler la police ; donc problèmes à cause de la drogue et conséquences taulardes. Ils connaissent que ça ! L'intelligence sociale ! Je suis démuni, je n'ai pas de ressources sur le sujet et paumé au beau milieu de la ville avec une camé en manque sur les bras. Je lui donne un mouchoir, des kleenex, abaisse son siège pour qu'elle reste allongée...

Elle semble se remettre peu à peu mais maintenant elle veut aller voir un copain rue Antoine Durafour. Elle l'exige ! Ok pour la rue nommée, on y va pourvu qu'elle se calme. À l'entrée de la rue, je vois une pharmacie ouverte. Je l'accompagne acheter du néo-codion. Apparemment et d'après les propos qu'ils échangent, je constate que le pharmacien semble assez bien connaître Ingrid. Je ne sais pas ce qu'il met dans le sac à pharmacie qui est aussitôt enfoui dans celui de ma fille avec adresse, rapidité et discrétion. Combien de môme a dû-t-il sauver ce type là ? Puis elle me dit de l'attendre dans la voiture pendant qu'elle va voir son pote.

Quelques minutes plus tard, je la vois sortir de l'allée accompagnée d'un lascar à la tête d'iroquois et avec qui elle discute énergiquement. Tous les deux font des grands gestes vers ma direction. Je suppose qu'elle lui raconte que je suis son père. Je descends de l'auto pour aller à leur rencontre. Bien que la situation me paraisse louche, je crois être rassuré lorsque je les vois se biser pour se dire au revoir et à cet instant, je vois leurs mains échanger quelque chose. Je descends pour monter à leur hauteur, je dis bonjour à la tête orange de l'iroquois et entraîne ma Gridou vers la voiture. « Allez, on y va ! » Elle me suit mais je sens une présence derrière nous ; je me retourne. Le mec nous suit à quelques mètres derrière.

À brûle pourpoint, Ingrid me dit : « Il faut que tu lui donnes cinq cents keuss pour le quépat. » Qu'est-ce qu'elle me raconte ? Je traduis du verlan en langage courant et je comprends soudain ce que je trouvais flou plus tôt. Le temps de faire cette traduction et toute leur embrouille explose dans ma tronche. Il faut que je donne cinq cent francs au lascar pour un paquet. Évidemment, un quépat est un demi gramme d'héroïne. La colère monte en moi. Elle m'a bien banané. Dans quel merdier elle me plante ? Elle va me rendre fou de rage. Le quartier vient de se faire rafler par les decs il y a à peine trois jours et le marché est toujours ouvert. « Toi, monte dans la voiture », j'ordonne à Ingrid. Je retourne vers le dealer resté à quelques mètres sur le même trottoir ; je sors un pascal de ma poche et le file au dealer en loucedé[3] tout en m'approchant de son oreille : « Tiens et filoche ! Tu as cinq

----

3 En douce

secondes pour disparaître de ma vue ou je t'éclate là, tout de suite, en plein milieu de la rue. Dégage ! et vite ! » Je suppose que les traits de mon visage exprimaient suffisamment de sincérité pour le contraindre à filocher aussi vite que je lui ai dit.

Je reprends ma voiture et Ingrid reprend sa crise. Elle impose que je l'arrête dans un bar sans attendre car elle doit se rendre aux toilettes. Elle veut sûrement se shooter. Je suis en folie, elle me tord le cerveau cette merdeuse. Où me mène-t-elle ?... J'attends dans la voiture et je la vois revenir du troquet en pleine forme, le sourire jusqu'aux oreilles. Comme si rien ne s'était passé auparavant. En attendant, je préfère la voir sourire que souffrir. Purée, j'en peux plus, ma tête va exploser.

*　*　*

D'une cabine téléphonique j'ai appelé mon ami à Bandol, Jojo, pour lui expliquer tout ce que je viens de vivre. Il me donne les coordonnées d'un pote en commun installé à Bruxelles et me dit de garder la voiture pour partir en Belgique. Il la récupérera plus tard. « Là-bas tu trouveras des papiers Jack et tout ce qu'il faut pour soigner ta fille. En France, on a toujours un siècle de retard sur les autres. »

Sur la nationale qui me mène au péage, je tente de faire le point. Cette permission est un vrai gâchis. Un gâchis d'existence. Je pense à mon amie Véro à qui je n'ai pas dit la vérité. Je prends mon attitude comme une sorte de trahison envers elle. Je risque de bousculer sa sérénité mais ne pas lui parler de cette décision à me mettre en cavale la protégera aussi. En ne sachant rien on ne pourra pas l'accuser de quelque chose qu'elle ne sait ni ne connaît. Bien qu'un poulet pervers tenterait une mise en cause farfelue, il est peu probable qu'un magistrat digne de ses fonctions suive une procédure malmenée. Au fond de moi j'enrage tout de même et j'aurais envie de me taper la tête contre le pare-brise. Ma détention était presque finie et je me retrouve en cavale. J'ai envie de faire demi tour mais j'en ferai quoi de ma fille maintenant ? Elle est toute calme à mes côtés sur le siège passager, toute sereine sous le choc de sa dope. Je ne peux plus la laisser dans l'état où je l'ai trouvée. La carence est physique et pas seulement psychique. J'aimerais avoir un débat avec tous ces connards qui ne comprennent rien à la détresse d'une jeunesse à la ramasse. Si ce n'était qu'une indigence psychologique, d'autres méthodes seraient possibles. Ici le manque est physique ; il attaque le corps, les chairs ; brûle le foie, l'estomac, le ventre... la tête. L'addiction la mange par l'intérieur. Que dois-je faire ?

Je suis coincé, prisonnier d'un étau qui referme constamment ses mâchoires dont l'une écrase ma mentalité et l'autre ma responsabilité morale. J'ai tout fait pendant des années pour m'inscrire dans une configuration de resocialisation, pour enfin reconnaître les valeurs morales de la vie en société, pour accepter les règles et les lois. Rejoindre l'établissement pénitentiaire serait une réponse à cette moralité dans le respect des lois.

Mais ma responsabilité paternelle me souffle que je n'aie pas le droit d'abandonner mon enfant dans cet état là. Je ne puis sombrer dans cette forme mentale de sous-homme en me barrant face à la détresse de ma fille, sans lever le petit doigt, sans avoir le courage de prendre le moindre risque. J'ai risqué ma vie si souvent que la mettre en jeu pour celle d'un enfant, même s'il ne serait pas mien, correspond parfaitement à mon devoir mental. À chacun sa vision de la vie en société. D'ailleurs, la loi ne dit-elle pas que l'abandon d'une personne qui ne serait pas en mesure de se protéger en fonction de son âge ou de sa vulnérabilité, de son état mental ou psychique, est punissable d'une peine de prison et d'amende ? Les deux optiques m'embarrassent et me culpabilisent chacune leur tour. Et merde ! Je vais d'abord m'occuper de ma fille et je verrai l'avenir.

* * *

Ingrid s'est endormie depuis un long moment pendant que je file vers le nord de la France. Je profite de son sommeil pour fouiller son sac et jeter le fameux « quépat » dans la poubelle d'une aire d'autoroute où j'ai décroché pour faire un plein de carburant. Elle prendra du Néo-codion. Mon pote m'a expliqué que les drogués s'en servent comme produit de substitution lorsqu'ils sont en manque. Il y a aussi une seringue dans son sac. Je la mets dans le vide poche de la portière. Je m'en débarrasserai dans une pharmacie belge. Le virus du Sida est fréquent dans les milieux de la drogue et il circule via les seringues ou relations sexuelles. Mais si je dépose la seringue dans une pharmacie française, la pharmacienne (ou le pharmacien) risque d'appeler les condés tandis qu'à l'étranger on te protégera pour le faire. Si les migrants connaissaient vraiment la France, on n'aurait pas d'immigration…

En roulant, je pense à nous. Maintenant nous sommes liés à un projet commun avec Ingrid : la sortir de cette merde qui lui aspire la santé et la vie.

Nous avons franchi la frontière lorsqu'elle se réveille. Elle fouille son sac, paraît inquiète mais ne dit rien. Elle retourne le sac dans tous les sens, semble agacé mais ne moufte pas un mot. Je lui demande si elle a bien dormi. « Ça va », me répond-elle la bouche pâteuse.

    – Nous avons passé la frontière, lui dis-je comme pour la rassurer. Bientôt nous serons chez Titou. Tout ce qui est derrière nous, pour l'instant on oublie. Je suis en cavale et toi tu vas aller voir un toubib que Titou connaît. Je veux que tu t'en sortes ; ce qu'il m'arrivera après n'est pas important et encore moins grave. Tu vas te soigner, je suis avec toi, ça va aller.Je l'ai sentie mieux et rassurée. À la grâce de Dieu...

Le médecin a prescrit un traitement dégressif. Ce sont des comprimés à prendre par voie orale, toutes les deux heures les premiers jours puis toutes les quatre heures... Elle est bien touchée. Je gère avec ma fille l'absorption des médicaments. Je contrôle les heures de prise, assiste aux entretiens avec le médecin et surveille l'évolution physique et psychique de ma patiente.

J'ai trouvé une occupation de travail non déclarée. J'aide au bar et au restaurant d'un ami avec qui nous sortons quelques fois pour me faire visiter la ville. Ingrid se fait quelques nouveaux copains. Sa santé s'améliore au fil des jours.

Les semaines passent, les mois aussi.

Le mal du pays commence à se manifester.

Ingrid est en pleine forme. Elle a repris du poids, de l'élégance, redevient une femme et décide de retourner à Saint-Étienne.

Je vais prendre un peu de temps pour me réorganiser et je partirai à mon tour. Je sais que rentrer en France est synonyme de complications et certes d'un retour au gangstérisme car là-bas, je ne pourrai pas travailler et encore moins dans la clandestinité. Je suis trop connu sur ma région. J'ai l'alternative de me rendre ou de replonger dans la voyoucratie. Mais n'y suis-je pas déjà en plein dedans ? Me rendre ? Je n'en ai pas la force. Rien que l'idée des quarante cinq jours de cachot qui m'attendent ne participe pas à l'attitude raisonnable du bon choix. D'abord survivre. Songer au cachot me glace le dos. J'ai déjà purgé deux fois le châtiment de quarante cinq jours de mitard et bientôt il y aura une troisième fois. Le mitard est un langage pénitentiaire mais dans le langage de l'humanité ceci s'appelle un trou, l'oubliette de l'espèce humaine. J'ai déjà été emmuré vivant. Oui ça me fait peur d'y aller. J'aurai moins peur de me prendre un bastos par un flic tordu que de retourner au cachot. Aussi, le plus tard sera le mieux. Et si les flics décident de m'abattre en m'allumant sous le couvert d'une bavure, ça évitera les quarante cinq jours de chtard. Je préfère retourner sauter un comptoir pour subsister plutôt que de me rendre. Après m'être mis en cavale, il serait saugrenu d'aller frapper aux portes d'une taule pour subir les conséquences que je connais. Va expliquer ça à un magistrat qui ne sait que peu de choses sur les conditions réelles de l'enfermement pénal… Lui n'a d'oreilles que pour la pénitentiaire ; il n'est donc plus dans l'impartialité.

Roule mon Jack… Comme tu dis on verra l'avenir et j'aurai le temps de philosopher après coup. Je n'ai pas grand chose à me reprocher jusqu'alors et je n'ai fait que mon devoir de père. Le système juridico-pénitentiaire a participé à la situation dans laquelle je me trouve. Peut-être indirectement si l'on veut mais l'homme a ses limites, et le propulser au-delà de celles-ci est une des causes de la dépravation humaine et l'essence de toute marginalité.

Vivre l'injustice au quotidien conduit à la désocialisation, à la déshumanisation de l'individu. Je dois rentrer en France. Une fois sur place j'aviserai du mode de vie opportun. Je n'appartiens à aucune société à cette heure, à aucune famille que je ne puisse visiter, je n'appartiens à rien d'autre que le désir de vivre. Je n'ai d'autres réponses aux violences que j'ai subies dans l'emprisonnement et au rejet de ma réadaptation sociale que celles d'une autre violence beaucoup moins perverse que celle qu'inflige notre système pénal. Je ne joue que de stratèges artificiels.

7

Depuis quelques jours j'ai le sommeil acariâtre. Les soucis me réveillent la nuit comme s'ils n'étaient qu'une succession de cauchemars. Je n'ai plus de fric et pas d'existence civile. La fausse identité que j'ai pu trouver pour présenter une pièce justificative en cas d'un contrôle est celle d'un défunt. Une carte d'identité et un permis de conduire qui appartenaient à un mec décédé il y a deux ou trois ans. Le jeu de faux papelards qui me sert de civilité était celui du beau frère à petit Jeannot, un ami stéphanois ancré dans le milieu depuis sa naissance. Il est né dans la rue ou même en zonzon je crois. Alors à cinquante balais il n'a connu que la prison ou les maisons de correction qui l'ont dressé dès le départ. L'éducation sociale à coups de bâton ! Vive mon pays ! Cent ans de retard la France. Fausse révolution, fausse démocratie. Les amis de Louis XVI sont toujours aux manettes depuis 1789.

Une amie de longue date, Sylvie, m'a prêté sa maisonnette à la campagne. C'est une ancienne fermette qui sert de résidence secondaire à sa famille et disponible actuellement durant plusieurs mois. Personne n'y mettra les pieds sans son accord, m'a-t-elle assuré car elle seule détient les clés de la chaumière. Du coup, je m'installe à la cambrousse et en peu de temps, je constate que je pourrais vivre tout à fait normalement si je n'avais pas cette cavale au cul. Ce serait même mon rêve d'avoir une vie normale, comme la vie d'avant quand j'étais môme. Comment reprendre une vie normale lorsque ceux-là même qui devraient t'accorder la rédemption citoyenne te traitent en paria ? J'imagine tous ces gens avec leur petit chez-soi à la maison et le jeu de pièces d'identité conforme à l'état civil qui permet de circuler librement pour se rendre au boulot. Quel bonheur ! L'argent n'a plus qu'une importance vitale, avoir l'indispensable nécessaire. Mais mon existence à moi est balourde, factice ; tout est faussé dans ma vie depuis mon adolescence. Le logement m'est prêté gracieusement, ma nouvelle identité vient de l'au-delà, la voiture est à Sylvie et la nourriture n'est pas à un rythme régulier. Mais aucune crainte, j'ai déjà connu tout ça.

J'ai terminé ma toilette et me regarde droit dans les yeux. Ce miroir me renvoie un visage étranger. Celui d'un mec qui n'est plus lui. Je me hais ! Je hais ce mec en face de moi qui n'est plus personne. Alors je fixe dans le miroir le regard bleu qui me fusille. « Que comptes-tu faire Jack ? Tu n'as plus un rond, tu n'es qu'une ombre qui sort de l'ombre. Il faut te rendre et si tu ne te sens pas la force de retourner au placard, alors sers-toi de tes couilles et vas chercher ta monnaie. Tu n'as plus le choix parce que tu ne vas pas te faire entretenir par une gonzesse… Bouge-toi mec ! » La conscience est directe quand elle parle. Elle te crache la vérité en pleine figure. Elle ne tergiverse pas en fonction des lois mais va droit au but, à l'essentiel. Les lois peuvent varier d'un pays à un autre mais la mentalité et les valeurs humaines n'ont d'autres frontières que la vérité. Le sermon de ma conscience s'oppose à la loi et me ramène à mon état naturel, vivre et survivre dans l'instant présent. Elle ne me fait pas la morale puisque son sermon s'oppose à la loi mais elle a pour objet de m'éveiller et me mettre en lutte. En effet, il est hors de question que je m'avachisse comme un clocheton à attendre des autres. Mon choix n'est certes pas le bon mais ne suis-je pas déjà hors la loi ? Me rendre enchante le ridicule. Je ne suis pas un animal de zoo qui entre seul dans sa cage après le spectacle alors que le numéro est en berne depuis le rejet à la réinsertion. Il ne me reste que le pillage d'une banque en solo car il est temps de dédommager les services rendus au cours de la cavale. Je n'aime pas m'endormir sur une dette d'amitié. Bien que le soutien soit purement amical, je ne bloque pas l'ascenseur sur mon palier, ce n'est pas dans mon tempérament. J'avais songé un job au black peut-être, mais il n'y a déjà pas de boulot pour des chômeurs irréprochables aussi je ne risque pas de trouver le moindre petit taf même au black. Par ailleurs ce n'est pas avec un billet de cent balles que je vais soulager le quotidien de mes créditeurs en quelques sortes. Si je n'enveloppe pas dix ou vingt mille balles autant ne rien donner. Mon bouquet doit être à la hauteur de l'aide apportée...

Un peu de tenue !

Où trouver plusieurs milliers de francs si ce n'est à la banque ? Un braquage, je ne vois rien d'autre. D'ailleurs cette action m'est familière. Je dois juste réviser un peu comme avant un examen car je dois agir seul. Ce sera plus dangereux sans complicité afin de couvrir ma retraite ou mon dos en cible pour sortir de l'agence. Il me faut réfléchir et trouver un stratagème qui équivaut à une équipe. L'objectif sera de neutraliser seul tout le personnel et les clients sans qu'aucun ne moufte. Mais c'est décidé, je vais m'en faire une. J'ai besoin de me renflouer et retrouver un peu d'aisance minimale. Puisqu'il faut y aller, autant en secouer une belle en centre ville où les agences sont plus approvisionnées qu'en milieu rural. Dans mon esprit se profile le Crédit Agricole en plein centre-ville qui crâne au milieu de la place du Breuil. Un bel établissement bancaire dont la porte m'est interdite comme toutes les autres portes.

Reste à trouver la solution bien que ça ne me plaise pas ce que je vais faire. Retomber dans le braquage que j'ai tant chassé de ma tête durant des années de taules et de tortures psychiques. Encore faire peur aux gens. Leur planter un calibre sous le pif, les menacer. Je n'ai pas envie de le faire et pourtant je sais que je vais le faire car quelque part au fond de moi la machine s'est remise en marche. Elle est en marche depuis le jour de ce rejet rouge en travers de la feuille conditionnelle. Le dégoût d'une justice indifférente, insensible, glaciale, sans le moindre quotient émotionnel. J'ai été ignoblement lynché par des magistrats provinciaux aveuglés par une animosité confuse. Je ne suis bien évidemment pas une victime. Quand bien même j'accepterai avoir eu un procès équitable, le trucage de la mise en scène, des mises en forme a réduit cette équité à un jugement inique sous l'influence de médias pernicieusement orientés. Quant à la phase postpénale, une main tendue en confiance à celui qui a œuvré pour la resocialisation devrait au principe mental bénéficier de la prime au mérite. Ce don participe généralement à la non-récidive et à l'humanisation du système judiciaire ouvert à tous. Car si la justice ne se veut pas humaine, la fosse grandissante des inégalités sociales ne fera qu'empirer jusqu'à la naissance de la révolte la plus terrifiante d'une classe sociale méprisée par les juges.

* * *

Sylvie m'a rendu visite avec sa fillette. Elles ont amené quelques victuailles et nous avons déjeuné paisiblement. À force de rester enfermé je vais péter un câble. Voir des connaissances me détend et me délasse. Dans ces moments-là, ma virulente obsession contre la justice s'estompe et me renvoie à une humilité réparatrice. J'aimerais être un bon citoyen, rentrer dans mon foyer le soir après le travail, retrouver femme et enfant dans l'espace chaleureux d'une petite maison familiale. Mais cette vie me semble interdite depuis le début vu l'abîme creusé entre une existence normale et la mienne. Je n'ai plus la possibilité de défaire ce que j'ai fait et le vieux démon des temps passé renaît des années mortes.

Le béton de toutes les prisons et des centrales de France n'a pas enseveli ce besoin de survie d'une bête acculée. Entre le suicide ou le combat je préfère la lutte. Une âme guerrière sommeille en moi, me ronge pour me fournir l'alibi d'accomplir un acte immoral jusqu'à me donner des raisons à légitimer le vol. Après le départ de Sylvie et sa petite, je suis resté à réfléchir. Je pourrai faire un hold-up en solo et sans arme… Il me semble alors que je me sentirai moins coupable et que Dieu me pardonnerait peut-être plus facilement. Je vais prendre un joker pour ne pas crever comme un charclo[4].

---

4 Clochard : en verlan (le verlan est un parlé à l'envers)

Pour l'heure, je suis tout entier sous tension et je ne dois pas perturber ce calme et ma concentration. Je me conditionne pour une dernière opération. Le matériel est prêt et je vais pouvoir passer à l'action.

Le recul de la détention, la méditation sur cet empirisme qui renoue de façon ambivalente le regret et le désir m'ont amené à considérer le hold-up comme un simple coup de poker nécessaire à ma survie. Au delà du jeu pour s'en sortir rapidement il est un coup de bluff dans la majorité des cas. Les dérapages de certains braquages proviennent de quelques baltringues mythomanes camés ou noyés de trac. Un braqueur ne va pas dévaliser une banque avec l'intention de faire du mal aux gens. Il a la seule certitude que sous la menace de son arme, l'argent sera remis sans résistance. Le coup de bluff au poker consiste au joueur qui tente un pot de laisser croire à ses adversaires qu'il est blindé de jeu, qu'il a la meilleure partie de la table. Eh bien c'est exactement ce que je vais tenter de faire. Faire croire aux gens de la banque que je suis terriblement armé.

À l'aide d'un morceau de cierge d'une quinzaine de centimètres de long que j'ai récupéré dans une église, je vais confectionner un leurre. Je n'ai pas volé le cierge à la chapelle. J'ai posé cinq francs dans l'aune pour nôtre Seigneur. Aussi, plutôt que mon lampions brûle sur place, je l'ai emporté. Il avait déjà beaucoup servi et je n'avais besoin que d'un seul morceau. Dieu comprend parfaitement. J'ai récupéré un voyant lumineux que je vais brancher sur pile, une wonder neuf volt. C'est important la marque de la pile... J'enrobe la bougie de scotch marron et la pile de chatterton noir. Deux fils relient la pile et le

voyant clignotant. En une heure j'ai confectionné la copie conforme d'un engin explosif. Une bombe factice. Le
morceau de cierge enrobé de scotch marron fait penser
à un pain de dynamite posé sur un socle noir : la pile. Le
clignotant rouge alimenté par la pile avec deux fils élec-
triques exagérément visuels domine l'ensemble fixé sur
le haut. Tous les composants d'un engin explosif doivent
sauter aux yeux dès qu'on l'allume. J'ai même branché un
petit interrupteur pour allumer-éteindre afin que le clignotant laisse croire au danger. Un vrai leurre !

* * *

Vêtu d'un bleu de chauffe, coiffé d'une casquette à longue
visière sous laquelle j'ai roulé ma cagoule noire, j'appuie
sur le bouton d'ouverture de l'entrée de la banque. Un
petit feu vert m'intime d'entrer. Je pousse la poignée.
Le sang martèle mes tempes mais je garde mon calme
malgré cette patrouille de police qui passe sur la place.
Ils sont partout. Je franchis la porte qui se lourde derrière moi tout en glissant ma main sous ma casquette
en faisant mine de me gratter l'oreille et je déroule la
cagoule sur mon visage. De l'autre main, je sors l'engin
explosif factice du sac que je porte en bandoulière et le
présente aux regards tout en déclenchant l'interrupteur « put on » … Une petite lumière rouge de l'engin se
met à clignoter pendant que je le pose sur le comptoir
de la banque. J'ordonne à tout le monde de se mettre
à terre sauf aux deux guichetiers. J'exhibe un petit calibre tout aussi factice que la bombe et réclame l'argent
des caisses et du coffre de l'agence. Purée, comme dans
les films le truc qui clignote dans cette grande salle ; on

dirait du vrai pour de vrai… mais en vrai c'est du ciné-ma. Les deux employés s'activent à déposer les liasses de billets sur le comptoir devant eux, même les rouleaux de pièces. Je rafle le magot que j'enfourne dans ma musette sans négliger les rouleaux de pièces. Pas de bricolage au-tant tout prendre ! Quand on est au bal, c'est pour dan-ser ! L'opération n'a pas durée trois minutes. Je ressors tranquille en prévenant de ne pas donner l'alerte avant deux minutes. Je sais qu'ils vont « sauter » sur l'alarme dès que je passerai la porte mais l'engin sur le comptoir que je laisse en souvenir les retiendra quelques secondes avant de réagir… Ça me suffit.

Le cierge est un cadeau de bonne interprétation. « Tchao merci ! »

8

À force de temps, les semaines rebondissent d'un week-end à l'autre en égrenant les saisons qui passent. L'automne est arrivé avec ses couchés de soleil flamboyants qui embrasent le ciel du soir. Ma cavale a fondu sous le soleil d'été. J'ai pris des habitudes au point de ne plus me cacher du tout. La population citadine s'est accoutumée à ma présence ; j'ai presque une vie normale. Le braquage à l'aide d'un leurre qui a fait la une des journaux du lendemain et sourire plus de monde que l'on ne croit est tombé aux oubliettes de l'opinion public. Certes, pas des flics…

Dans la grange de la maison de campagne je fabrique des chevalets artisanaux : tout de bois et chevillés au montage. Je les offre à des proches et j'en vends un de temps en temps à des particuliers. Je bricole ou fais des petits boulots au black pour subvenir à mes besoins. Je m'aperçois alors que beaucoup de gens vivent ainsi, avec des jobs non déclarés. Le travail n'est en fait que du troc. Je constate que presque tous les gens de ce monde public en font autant. Je vis pratiquement normalement ou presque comme les autres sauf que j'ai tapé dans la caisse de l'état. Hormis ma clandestinité, je suis exactement pareil. Mais j'ai des comptes à rendre à la justice et bientôt je serai arrêté. C'est obligatoire et ça je le sais.

Je suis en proie à de fortes perturbations psychologiques entraînant des crises d'angoisses. Mes muscles semblent se bloquer dans la poitrine. J'ai parfois l'impression que l'on me transperce avec une barre d'acier de l'épaule à l'estomac. En réalité, je suis parvenu à caler mon esprit dans un concept existentiel calqué sur la citoyenneté et l'honnêteté. Cependant, mon passé et ma clandestinité comprenant le débit impayé de ma dette sociale procèdent du choc psychosomatique de plus en plus fréquent et violent.

J'ai amorcé une vie sédentaire à la campagne. Véro monte parfois me rendre visite avec sa fille et quelques amis que j'invite à dîner. J'aime la solitude mais j'aime aussi la convivialité de mon entourage et partager ensemble des moments chaleureux. J'ai besoin de famille. Je sentirai la force de me rendre s'il n'y avait pas ce braco qui plane sur ma tête dont je suis sûr, une fois dans leurs pattes, remontera jusqu'à moi. Tant que je suis dans la nature, j'ai une chance de voir libre un jour nouveau se lever. Chaque aube est comme une fleur que je cueille. Et ne serait-ce que jouir du plaisir de voir s'élever le soleil d'un autre jour vaut encore le risque de ne pas se rendre. Je sais que la prochaine paire de menottes va m'enchaîner à plusieurs années d'enfermement et de souffrance qui se feront physiques. Je préfère profiter de quelques sourires encore, de moments intimes près de la famille et des amis, de cette tendresse en liberté.

* * *

Je vais souvent dans les bois ramasser des champignons. Dame Nature est plutôt généreuse de ses services envers la Haute-Loire, un département de constitution agricole où il y fait bon vivre. Installé sur le côté passager du véhicule, je me laisse conduire par Sylvie toujours disponible dans notre fraternelle amitié. Sa petite fille de quatre ans est assise à l'arrière, bien attaché dans son siège-auto. Nous avons marché dans les bois sans trouver de champignons comestibles. Il est peut-être encore un peu tôt pour la saison automnale. Je suis détendu, serein, assis confortablement et parfaitement décontracté. La petite auto roule à faible allure derrière la file de voiture quand soudain celle qui nous précède marque un ralentissement. Ses feux arrière lancent des warnings qui s'éteignent aussitôt tout en continuant vers le carrefour. Alors, sans raison visuelle à devoir s'arrêter, elle pile devant nous à une dizaine de mètres. Un type s'en éjecte du côté droit et se met à courir plié en deux dans notre direction. Je trouve son attitude étonnante mais tout va très vite et je n'ai pas le temps intellectuellement d'appréhender la situation sauf qu'une fois arrivé à deux ou trois mètres de nous, le mec sort un calibre de sa ceinture pendant qu'un autre bonhomme descend par le côté gauche de l'auto grise immatriculée dans le Puy de Dôme. Ma tête fait tilt ! C'est un guet-apens. Ma première pensée me dit que je ne suis en guerre avec aucune équipe de voyous ou qui que ce soit d'autre pour me tendre un traquenard dans les règles de l'art. Je n'ai pas le temps d'aller plus loin dans ma brève réflexion de deux secondes que ma portière s'ouvre brutalement alors que le canon d'une arme de point s'enfonce dans mon cou à droite. Celui de l'avant me braque à son tour mais ne tire pas. Tous les deux se mettent à hurler : « Ne bouge pas ! Ta ceinture ! Enlève ta ceinture ! » Ils ne cessent l'un et l'autre de répéter la même chose. « Enlève ta ceinture ! » Ils ont l'air excité les lascars mais j'ai déjà compris que ce sont des flics car toutes les portes s'ouvrent simultanément. Alors je me mets à hurler à mon tour.

– Hé calmos les mecs, il y a une gamine à l'arrière !

Mais eux n'entendent rien ! Ils ne savent que répéter « enlève ta ceinture ». Alors là, je comprends tout. Très vite. La fourberie policière. Le fantasme du flic de début de carrière. Le fantasme de l'héroïsme véreux. Le trophée du chasseur d'homme. Mais ils sont fous ces mecs. Ils me prennent pour un demeuré ces deux benêts. Je vais envoyer la main entre les deux sièges pour décrocher ma ceinture ? Avec ma main droite, je vais faire le geste copie conforme du type qui va attraper un calibre entre les sièges ? Je vais débloquer ma ceinture au risque de me prendre un bastos dans la courge ?! C'est ce qu'attendent ces deux-là en recherche de l'acte valeureux du policier. Les radios et le procureur viendront les féliciter car la stratégie est flagrante. Il a voulu prendre une arme et on a dû tirer. Un braqueur évadé en cavale ! Pas de problème, n'importe quel média soutiendra que mon geste a laissé suggérer que j'allais prendre une arme entre les sièges. Un meurtre policé camouflé en légitime défense mais en réalité occultement prémédité. Un braqueur de banque au long casier judiciaire évadé de surcroît, ça passe comme une lettre à la poste, les doigts dans le nez.

« Enlève là toi-même la ceinture, que je me mets à hurler, moi je ne touche rien. ». Et je laisse alors mes mains bien à plat sur le tableau de bord où elles se sont posées dans le brusque freinage de Sylvie.

Tout en les braquant, les cow-boys descendent Sylvie et sa fille de la voiture sans ménagement. Purée ça craint dans la flicaille. C'est tout le sang froid qu'ils ont devant une gonzesse et une enfant de cinq ans ? Je n'ai pas d'arme. Ils s'en doutent que je n'ai pas d'arme puisqu'ils me filochent depuis longtemps sûrement. Ils sont énervés, excités ces fadas. Je comprends pourquoi il y a autant de bavures policières. C'est chaud ! Finalement, un des poulets défait lui-même ma ceinture de sécurité pendant que ses collègues me tirent et me jettent au sol où je suis menotté mains dans le dos. La petite et sa maman sont embarquées dans une voiture pendant qu'on me traîne dans une autre.

J'ai eu peur pour elles, mais maintenant que tout est fini, je me sens soulagé d'un poids énorme qui m'encombrait depuis des mois. Psychologiquement, mon arrestation me libère de la cavale, de cette autre prison aux allures de bien-être mais avec des barreaux dans la tête. Je sors d'une prison pour entrer dans une autre.

En fait, j'étais détendu cet après midi, serein. Avais-je une intuition simulée d'une fin de cavale ? Des signes avant-coureurs les marquaient. Ce pressentiment de fin de liberté me turlupinait depuis quelques jours. Soudain, je me sens mieux.

* * *

Après quarante huit heures de garde à vue où Sylvie en a passé vingt-quatre aussi, j'ai été reconduit à la maison d'arrêt de la Talaudière chargé de deux chefs d'inculpation : évasion et vol à main armée. Dès mon arrivée au greffe de la prison je suis mené directement au mitard pour quarante-cinq jours de pénitence ou plutôt de barbarie. La non-vie. Comme un cafard dans un trou. Un rat ! Le calvaire de l'être humain infligé par le même humain, peut-être son frère... ?

Le premier jour je suis trop fatigué pour réagir. Une pression traînée aux quatre coins de l'espace liberté retombe comme une fin de guerre. La garde à vue m'a épuisé. Incarcéré après la mise en examen du juge, je suis conduit directement au cachot où là, il n'y a plus aucune autre âme que la mienne. Un trou obscur dans le béton : enterré vivant. Je m'endors rapidement. Il faudrait dormir continuellement pour échapper à ce cauchemar. Le mitard est par extension un cauchemar qui ne cesse pas. En prison, on ne fait pas de mauvais rêve durant le sommeil. Les tourments se manifestent au réveil.

C'est alors qu'au petit matin j'ai mal aux reins, mal au cœur, dans la poitrine et que mon horizon ressemble à dame faucheuse. Le médecin vient me voir. J'ai le moral dans les chaussettes ; en dessous de zéro. Je me suis tapé dix piges de ratière et la peine n'était pas terminée. Ce fut un parcours hallucinant et je dois le refaire. Le calvaire de la sainte sécurité. Je n'y arriverai jamais. Mené aux instructions du juge enchaîné comme un vieil esclave. Pesé par la cour d'assises comme dans une vente de bestiaux aux enchères. Se farcir les maisons d'arrêt et leur système débilitant pour finir dans une centrale qui rappellent la vallée des lépreux. Chaque jour tous les instants durent des années. J'ai quarante quatre ans ; je ne tiendrai pas le coup. Il vaut peut-être mieux en finir tout de suite.

L'équipe de l'infirmerie me rend visite quotidiennement. J'ai un traitement antidépressif qui atténue mes crises d'angoisse. Dans ma cage de béton de cinq mètres carrés, je n'ai que deux ou trois vieux bouquins que j'ai relus maintes fois et les bruits de la détention comme au loin. Les chasses d'eau, les coups de pied dans les portes, les cris des bagnards d'en bas viennent me rassurer, je ne suis pas seul au monde et la vie est présente quelque part là-bas, là où grincent l'âme de ces corps perdus. La vie n'est plus si loin puisque je l'entends parfois. Dois-je toujours être retiré de celle-ci ? Où la mienne est-elle décalée à celle des autres ? J'entends dans ce silence assourdissant les plaintes de toutes ces ombres à l'abandon alors que la mienne m'a quitté. Je ne suis même plus l'ombre de moi-même mais seulement un vide, un grand trou noir qui me plonge dans le néant d'un monde sans ciel ni soleil.

J'ai peur. J'ai peur de vivre cet enfer et j'ai peur de mourir. La prière ne me secourt pas. Dieu s'est absen-té. Il ne vient pas au mitard. Ici s'installe le règne de la haine et de la détresse. Haine de la vie, de la prison, d'une justice inculte jusqu'à celle de son passé, de son enfance, de son moi. Déprime extrême que la haine de soi-même car l'éventualité d'une incarcération de dix années, voire plus, ajoute à cette détresse fatale l'ins-tinct de suicide. Partir encore, fuir la cruauté adminis-trative, sauter tête la première dans le néant pour échap-per à l'absurde. S'évader définitivement d'un monde où l'homme s'illustre dans la cruauté. S'accrocher avec son drap à la grille de sécurité !

Couché en chien de fusil à même le sol sur mon lit de béton froid comme la mort, le corps convulsé de soubre-sauts, je craque et pleure comme un enfant abandonné dans une poubelle. Les détenus ne sont plus répertoriés dans l'espèce humaine. Les ingénieurs de la sécurité ad-ministrative pénitentiaire ont pensé à tout pour dés-humaniser l'être. Par déontologie, les fonctionnaires obéissent au nihilisme préfabriqué par leur hiérarchie *pensante*. Dans cette zone de non vie n'existe que le néant. Pourtant, faute de pouvoir faire des choix, l'individu s'adapte à toute condition bien qu'inhumaine et rampe vers sa conscience pour implorer Dieu. Implorer un miracle qui redonne une étincelle d'espoir. La prière est un droit qui apporte la force utile à l'esprit de se mettre en attente. Je deviens le sablier où le temps s'écoule. Vivre ou mourir. Mourir ou vivre.

Le choc des clés contre les grilles puis qui s'escriment avec le pêne des serrures m'avertit de l'arrivée du surveillant. Je me mets en éveil, en attente. Une autre attente qui succède à la précédente. L'attente d'une visite, de voir un visage, une tête même n'importe laquelle ; voir un humain, un être vivant. Entendre un mot ou deux, se rassurer d'une autre vie présente l'espace de quelques secondes. Le surveillant le plus salaud de la prison m'est brutalement sympathique. Ma porte s'ouvre. L'agent me tend du courrier. Plusieurs lettres. C'est lui Dieu, ce type en uniforme. Je me fonds en remerciements qui restent bloqué dans la gorge. Ma voix est rauque. La stagnation des cordes vocales paralyse partiellement l'extension du son de ma voix. Mais le gaffe a déjà fait demi tour et lourdé ma forteresse. Je comptabilise les lettres. Il y en a cinq dont la plus récente date de quatre jours et la plus ancienne d'une dizaine. La correspondance transite par le cabinet du juge qui lira le courrier dès qu'il aura le temps de penser à le faire. C'est la raison d'une distribution par lot. J'examine les dates, les tampons, les expéditeurs au dos des enveloppes. Il y a une lettre de ma sœur, les autres de Sylvie et de Véro. Mes amies me soutiennent et m'encouragent à rester debout. Une bouffée d'oxygène a rempli mes poumons. L'émotion est intense et profonde. Je me croyais mort dans ce tombeau.

Une boule monte dans ma gorge quand alors l'espoir renaît. De la joie qui m'étourdit germe un bonheur où fusionne l'envie de pleurer et l'euphorie. La lecture de mes lettres me donne un immense plaisir. La vie me revient. Je sens mon corps se réchauffer et revenir à une température normale. Chaque missive témoigne une amitié affective sans faille. J'ai la tête en feu. Je dois gérer cet afflux d'émotivité modérément. Il reste encore trente-cinq jours de cachot à purger. Une éternité. L'amour de mes proches m'encourage et me rassure mais l'optique d'un enfermement jusqu'à mes vieux jours m'horrifie. J'ai encore de la peur car soudain je me sens vieux dans ce trou à rats. Le calcul temporel m'effraie et mon moral redescend aussi vite. Malgré cet abondant courrier messager d'espérance, mon courage peine à remonter cette rude pente. Aussi je continue de prier.

Mes passages dans les cachots tout au long de ma détention n'ont jamais entamé mon moral par le passé. Sûrement parce que j'avais mesuré en amont les conséquences d'un échec à l'évasion. Par deux fois j'ai été sanctionné à quarante cinq jours de mitard mais cette troisième fois est différente. Elle découle d'un acte impulsif dont l'aboutissement n'apporte pas de réponse judicieuse à la volonté initiale. Le motif de cette évasion est une assistance à personne en danger. Dans le cadre du naufrage d'Ingrid, mes appels sont restés sourds aux autorités de tutelle. J'ai dû prendre une initiative. Ce qui découle de l'engrenage marginal est le produit de la somme de deux facteurs expressément incorporés dans la mentalité institutionnelle : le mépris et l'exclusion. D'où ce sentiment d'injustice qui m'accable pour assumer un châtiment qui relève de la barbarie. Mais je dois faire face car le soutien de mes proches exulte ma raison.

La présence épistolaire m'a beaucoup aidé au fond de ce calvaire. Bien que très affaibli psychiquement et physiquement, j'ai résisté et suis sorti du néant. J'ai retrouvé la détention au quartier des travailleurs où les conditions sont plus supportables. Mais pour prévenir tout risque d'évasion et m'isoler d'éventuelles complicités intérieures ou extérieures, je suis transféré dans une prison de Lyon. La paranoïa administrative galope vers la répression mais tourne le dos à la réinsertion. Ils m'ont baladé pendant des années de taule en taule loin des miens à me laisser croire que l'on pouvait trouver la bonne voie par les études dans lesquelles je me suis défoncé le crâne. C'était un leurre. Si on ne me replace pas dans le contexte familial près des miens je vais craquer, c'est à peu près certain. Tout est noir dans ma tête, la mort me tourmente. J'en fais part au juge et à la direction régionale. Après un isolement de trois mois je suis rapatrié sur Saint Étienne. Enfin, je peux souffler et décompresser. Ma cavale s'arrête en réalité ici, à mon retour en détention normale, comme les autres détenus.

Retrouvant mes esprits comme après un long coma, je cherche à faire le point de manière constructive. Quel est le résultat de cette folle cavale ? Tout d'abord, Ingrid va bien et vit chez sa maman comme avant dans le temps. Maintenant depuis les semaines de cachot, tout en moi aspire une exploitation de l'être. Fouiller l'invisible où Dieu m'est apparu sous l'apparence d'un maton porteur de bonnes nouvelles au fin fond du mitard comme au milieu du désert. Une puissance occulte dicte à notre

conscience la sagesse d'accepter son destin car la pléni-
tude jaillira dans celui qui a su dire oui au néant. Viens,
tu ne me fais plus peur.

* * *

L'aumônier de la maison d'arrêt, Jean Louis, m'a rendu
visite. Nous avons pu bavarder un bon moment car ça
fait un lustre que je n'ai plus parler avec quelqu'un qui
vient de l'extérieur. Jean-Louis est un homme de bon-
té. Son humilité et sa simplicité le porte de criminel en
criminel, du voleur à la tire au violeur d'enfant. Il sait
qu'en chacun des prisonniers jusqu'au pire des derniers,
l'âme veille au souhait de vouloir bien faire. Et c'est
ainsi que Jean dépose le message du Christ de cellule
en cellule : « Le dernier ou le plus petit, sera le premier
ou sera le plus grand dans le royaume des cieux ». Il ne
parle pas au criminel mais au croyant et non croyant.
Il parle aux païens comme il parle aux chrétiens ou aux
musulmans.

Il cerne très vite que mon énergie est tombée en dé-
suétude et que j'aime la lecture. Il me laisse alors une
bible avant de me quitter et après m'avoir invité au culte
du dimanche matin. La lecture des évangiles va éveiller
ma spiritualité. Ce n'est pas au culte ou dans le cérémonial pompeux de l'église que va se reconnaître cette spiritualité mais dans la source philosophique des Écritures
Saintes : l'Humanité. Tout est encore si présent et n'est
qu'une transposition d'une époque à une autre. L'envie
me ranime, l'envie de lire, d'étudier encore. Donner de
l'intensité à l'existence allume un feu en moi qui me brûle

d'impatience d'acquérir les connaissances nouvelles de l'esprit et de la pensée.

Je m'inscris à Auxilia, un organisme d'études à distance par correspondance sur un programme philosophique. J'ignore où conduisent les études de philosophie car je n'ai jamais abordé cette matière. Je ne veux pas me contenter d'un poste à l'atelier sans rien faire d'autre en parallèle. Le boulot est essentiel pour subvenir à mes besoins. La prison est devenue une micro société de consommation. Tout se paie : location télé-frigo, victuailles, coiffeur et ainsi de suite.

Ayant atteint le plus haut niveau abordable en milieu carcéral dans le domaine de l'informatique, je n'ai pas trouvé d'autres études accessibles par correspondance que la philosophie. D'ailleurs, la justice a rejeté ma resocialisation professionnelle et je ne suis donc plus en recherche d'emploi immédiat ni d'une qualification professionnelle. Par conséquent, la philosophie me conviendra parfaitement pour une activité passionnée. J'en ai beaucoup entendu parler mais ne sait pas à quoi elle pourrait bien servir. Depuis l'enfance, nos parents nous bassinent qu'elle ne sert à rien. Question délicate... Je veux découvrir cette inconnue ; aussi j'en parle à mon avocate, Marie Cécile Poiteau, qui m'affirme en souriant que j'y trouverai certainement beaucoup de plaisir. Elle me conseille de lire « le monde de Sophie » de Jostein Gaarder. Je ne le trouve pas à la bibliothèque mais je sais qu'un autre détenu possède quelques bouquins de philo. Je vais voir le garçon, Thierry, et bingo, il a ce livre. Il en a même d'autres et quelques modules de terminale sur les notions étudiées en philosophie pour le bac. Thierry est un mec sympathique. Nous aurons de riches conversations ensemble sur la société actuelle, sur le spirituel et ses dérives, sur l'Humain et l'humanité.

Mes premières lectures paraissent compliquées. Je me heurte aux difficultés de compréhension des textes. En effet, un livre de philo ne se lit pas comme un roman. La structure, le développement, sont des concepts rigoureux à maîtriser et le vocabulaire est choisi dans certains énoncés. Nous avons à faire à une littérature exigeante. Peu à peu j'assimile assez bien la compréhension des textes. En quelques soirées à la douce lumière d'une lampe de chevet que je me suis confectionnée avec les moyens du bord, j'avale le monde de Sophie, prends des notes et découvre pour la première fois tous les noms des grands philosophes qui ont traversé l'humanité depuis des milliers d'années : Aristote, Socrate, Confucius, Descartes, Hegel, Foucault et tant d'autres viennent me séduire, me fasciner. Mon inspiration appréhende soudainement les choses du monde. Au fur et à mesure de mes lectures, j'avance dans un immense jardin édénique de l'humanité car tout a été écrit pour la compréhension du bien de L'Homme. Les notions philosophiques sur les valeurs morales et sociales m'apprennent la vie et ce que nous sommes. Alors seulement je commence à comprendre le Vrai et j'ai l'impression d'être un singe tombé d'un arbre en plein milieu d'une cour d'école. Je ne savais rien ni du monde ni de la vie. J'ai été abandonné à mon ignorance depuis tout petit parce que mes parents eux-mêmes vivaient dans cette ignorance. Leur connaissance s'arrête à travailler pour manger. Rien sur le Droit, la Justice, la Liberté, l'Amour, Dieu, la Politique... Rien de tout ça ; pas de verbe à table ! On mange en silence :

« on ne parle pas à table ! » J'ai vécu dans l'ignorance, embastillé dans un monde inculte, sans loi que l'interdit, sans devoir, sans droit. Je m'en veux affreusement et j'en veux à la terre entière tout en comprenant l'inculture de mes parents que je n'avais plus. L'un et l'autre ne savaient lire et écrire. Je m'en veux d'avoir manqué de connaissances.

Mon moral reprend quelques coups dans la gueule mais le Christ, cet Homme-Dieu qui a souffert des pires atrocités pour nous montrer le chemin de l'amour et de l'espérance m'épaule, motive ma persévérance à étudier et m'incite à rester debout. Lève-toi et marche, me souffle-t-il ! Avance vers la connaissance, vers ce qui est, vers le vrai et le juste.

Ainsi, je parviens à concilier cet amour pour l'humanité et les valeurs essentielles de l'existence dont je découvre le déterminisme. Une force intérieure me rehausse et m'élève dans l'esprit, me protégeant ainsi de toute défaillance. Je suis en train de vaincre mes faiblesses, de tuer le démon qui a violé mon âme, de retrouver la foi dans la justice de dieu et des hommes. Car le lien entre Dieu et l'Homme est ce chaînon d'intelligence dont les maillons assemblent un à un les règles de vie d'une société fraternelle. Me reconstruire n'est plus qu'une formalité qui va nécessiter beaucoup de temps, de la patience, du travail en soi et sur soi. Au regard d'un passé aussi chaotique, une thérapie semble indispensable afin de retrouver l'équilibre et l'ordre moral.

Je me suis organisé pour rencontrer un psychologue réservé habituellement pour les détenus concernés dans les affaires de mœurs. Je suis certainement le premier braqueur de France à rencontrer une psychologue car la mienne est une femme, Nadine Besset, intervenante à la maison d'arrêt de la Talaudière. Elle m'accueille en séance thérapeutique chaque semaine.

Durant les premiers entretiens, je déballe ma vie dans un brouillon sordide ; la psy écoute en prenant des notes. Très vite, elle a su diagnostiquer l'ampleur de la psychothérapie que ce cas atypique doit suivre. Puis habilement, au terme d'un premier trimestre, nous avons rythmé les séances à intervalle de quinze jours. Madame Besset oriente la thérapie de manière séquentielle afin que je puisse me fixer sur une période précise de mon passé et y fouiller en profondeur à la recherche de l'inconscience de ma conscience. Je refais ainsi le chemin inconséquent de ce jeune homme égaré sur une touche de la société que personne n'a soutenu. Doté d'un quotient intellectuel normal, d'un quotient émotionnel élevé, ce garçon a perdu le sens des valeurs dans un principe d'auto-exclusion graduellement imposé. L'isolement, le replie sur soi-même, la timidité, la crainte de l'échec au regard de l'autre ont bâti la prison virtuelle où toute échappatoire est impossible, voire interdite. Ses rapports avec la société se dérobent aux conventions d'usage. Le phénomène de l'irrationnel plante son dard dans la faculté de discernement du jeune homme condamné à errer sans but, sans bien, sur le bas côté de la communauté. Je me transporte à mon adolescence où mes reproches vont à mes parents. Un père trop sévère, sectaire, autocratique à qui s'oppose faiblement une mère laxiste, souple, pleine de tendresse. Cet ensemble composent un lot d'arguments accusateurs pour les lampistes dont j'ai besoin.

La thérapie ne s'arrête toutefois que lorsque l'équilibre s'instaure car la solution émane de la source d'une franche conscience. Mes parents, pas plus que ma famille, mes voisins ou moi-même, ne sont coupables de mes inconséquences. C'est une succession d'événements incompatibles avec l'esprit du moment qui a fécondé cette personnalité insoumise aux lacunes du système. L'époque n'était pas encore à la mode des psychologues et cette thérapie réservée plus particulièrement aux nantis parce que non remboursée par la sécurité sociale. Aussi, je ne pouvais comprendre la dérive de ma jeunesse. Et pourtant cette vie avec ses bonnes ou mauvaises choses n'est-elle pas la mienne ? Les richesses qu'elle renferme sont différentes de celles d'un employé du chemin de fer ou tout autre domaine mais dispose d'un vécu qui n'a sa dimension que dans l'esprit de celui qui a fait ce voyage. Malgré tout le mal dont j'ai pu en souffrir, je ne peux cracher dans la soupe en niant vulgairement tout le bonheur et l'émotivité qu'elle m'a procurée parfois. Cette vie est la mienne et je l'aime. Ma psy m'a aidé à retrouver un équilibre.

Bien que la prison dresse ses hauts murs entre la vie de mes proches et moi, nous gardons une relation écrite assidue et quelques parloirs avec mes filles et ma frangine. En quelques mois, je me suis reconstruis jusqu'à me sentir au meilleur de ma forme. Je consacre quelques heures au sport afin de ne point dépérir physiquement. Je me sens bien dans ma peau, dans mon corps et dans ma tête. J'en ai profité pour arrêter de fumer. Décidé à me restructurer, je dois le faire à fond, de pieds en combles. Cette salubrité conquise par l'amour de la sagesse se réduit en une entité : sérénité. Socrate disait : « Celui qui sait ce qui est bien fera aussi le bien ».

La philo est un enrichissement personnel d'une extrême grandeur. Mon professeur, Jacques Le Touzé, est en retraite de l'éducation nationale. C'est lui qui me dispense les cours à distance via auxilia. Nous travaillons au rythme d'un devoir mensuel. Nos échanges philosophiques par correspondance ont créé des liens affectifs nouant une amitié respectueuse.

Âgé de soixante dix ans, il offre son temps aux détenus et défend les conditions précaires des prisonniers auprès de l'Observatoire International des Prisons. Notre amitié a grandi et Jacques a voulu me rencontrer. Nous avons obtenu un parloir dont je garde un souvenir précieux. C'est un homme de grande qualité, un ami sûr et de bons conseils qui, au travers des sujets philosophiques traitant de l'humanisme, m'a ouvert les yeux sur le monde extérieur et mon monde intérieur. Mon esprit s'est ouvert, élargi, aiguisé et le regard que je porte sur les choses de la vie donne à l'idéalisme la priorité sur le matérialisme.

9

Avec une confiance éclairée par ma foi, j'ai répondu aux questions du président de la cour d'Assises lors de mon procès. Confiance tranquille qu'intègre le besoin de vérité. Le président est un homme austère, un magistrat impartial dont le déterminisme de l'instruction ne l'entraîne pas au delà de la manifestation d'une vérité pure. C'est au travers des études de philo que j'ai découvert le sens du droit et de la justice mais aussi celui du devoir. Cette sensibilité est récente. Rester vrai et authentique est la conclusion que je tire du sens de la vie.

Mon histoire est une pièce dramatique qui met en scène le mensonge et la cupidité, cet orgueil qui nourrit la perversion de l'âme, un appétit d'exister sans savoir faire le choix de la sagesse. Ce tempérament n'a rien de singulier en l'homme ; il définit une illusion de pouvoir ou une apparence notable pour masquer cette honte d'être pauvre. J'ai découvert fort heureusement d'autres trésors tels que la chaleur et la douceur de l'affection, de l'amitié, de toute une charge de sentiments gratuits qui font la richesse du plaisir de s'instruire ou de naviguer sur les océans de la connaissance. Rester simple et vrai à tout jamais. Bien qu'impressionné, intimidé, crispé devant le rituel d'une cour d'assises aux conditions ascétiques, je sais que la vérité me sauvera. « Ne te soucis pas de ce que tu devras dire pour ta défense. En vérité, le Père mettra sur ta langue les mots qu'il te faut ». Ainsi parle le Christ.

Avec sincérité, j'ai tout expliqué. J'y ai mis toute ma foi : mon enfance, les responsabilités de mes actes, la prison, la folle cavale et les mauvais choix. J'ai raconté la profondeur du gouffre et la volonté de vouloir sortir de cet enfer.

Yvette, ma sœur, a témoigné sur notre relation fraternelle et les difficultés d'une famille dont je suis le seul d'une fratrie de six enfants à avoir dérapé en chemin.

Jacques, mon prof de philo, raconte mes motivations, ma détermination et la rigueur de mes études ainsi que de la régularité quasi mathématique de mon travail. Son discours est émouvant.

Alain Besset, cet ami de longue date, comédien et directeur d'une petite troupe théâtrale stéphanoise a parlé de Jacky, ce garçon dévoué aux autres qui participe et anime de nombreuses activités en milieu carcéral, seul espace de liberté où les détenus ont la possibilité de s'exprimer en fonction d'un talent ou non, de sonder une potentialité artistique chez quelqu'un. Alain était poignant !

Des témoins à décharge qui ont sensibilisé la cour dans la vérité. Le regard de ma frangine assise sur un banc raide comme la justice me soutiendra tout au long des débats à l'encouragement de la vérité.

Les policiers sont venus témoigner à charge. Ils ont été sobres en affirmant que le vol ne présentait aucun danger pour le personnel et les clients, que l'engin n'était qu'un leurre inoffensif.

Quand aux victimes, employés et clients, ils n'ont manifesté aucun trouble psychique dans leurs procès-verbaux au cours de l'enquête d'instruction. Ils ne se sont pas déplacés à l'audience. Le ministère public, une jeune femme tout fraîchement encapée de la robe du procureur, réclamera quinze années de réclusion criminelle.

Mon avocate, Marie-Cécile Poiteau, s'est lancé avec brio et conviction dans une plaidoirie de qualité pour trancher d'un ton incisif l'extravagance de la procureure. Puis les jurés se sont retirés dans la salle des délibérations avec leur intime conviction rationnellement faite.

L'attente ne sera pas très longue. Après une heure de délibération, le verdict tombe : « La cour vous condamne à cinq années de prison. » Je remercie la justice et la cour, et Dieu. Nous échangeons une accolade avec mon avocate ; j'envoie des baisers à mes proches en retenant mes larmes dans les yeux.

À mon retour à la maison d'arrêt, je fais les comptes de la peine à subir, de celle purgée et des remises de peines obtenues. Comme après avoir fait ses emplettes, on compte ce qu'il reste dans le porte-monnaie. Sauf pour les riches qui ne comptent pas. Total : vingt trois ans de prison à purger dont les deux tiers sont effectués, condition obligée pour prétendre à une libération conditionnelle. Et me voilà soudain projeté dans une configuration apte aux exigences de possibilités pour bénéficier de cette mesure. Un point lumineux que tout détenu attend avec impatience car il se situe au reliquat de peine inférieur au temps effectué en détention. Enfin l'espoir, une lumière au bout du tunnel. La possibilité de vivre et de sortir du néant. Dans le pire des cas, je n'irai guère plus loin que trois ans de détention. Ce qui peut paraître très loin pour la plupart des gens ne l'est plus vraiment en ce qui me concerne vu mon entraînement derrière les barreaux. Douze années, il va falloir tenir encore.

Lancé dans la comptabilité pénitentiaire, le résultat totalise un bilan de vingt trois ans de prison avec les remises de peine des précédentes. J'ai du mal à le croire moi-même. Je n'ai fait de mal à personne, pas même à une mouche. On me reproche des vols, détentions d'armes, évasions, insoumission à la loi mais hooo ! Calmos ! Dix ans de prison ! Ce n'est pas une promenade de santé. Par quelles circonstances en suis-je arrivé là ? Suffit-il d'être marginal ou hors la loi pour enfermer l'espèce plus de vingt ans derrière les barreaux ? Ceux qui me connaissent se demandent ce que je fous en taule et ceux qui ne me connaissent pas se demandent, supposons, quel genre de barbare peut bien être le lascar enfermé pour une vie.

Tous les jours je consacre quelques minutes à une psychanalyse. Pourquoi ce rejet d'intégration ? Ce n'est pas l'éducation que j'ai reçue. Je ne suis pas vraiment sûr d'avoir une explication. Il m'arrive en mon for intérieur d'attribuer mes déroutes à la mort de mon père alors que j'ai à peine quinze ans. Un père ultra sévère qui a mené une vie de labeur difficile. Un peu alcoolo mais l'alcool prend le relais du courage qui peut défaillir parfois à cause de la misère. On ne pouvait, à cette époque, reproché un penchant pour le gros rouge à ces hommes éreintés par des journées de dix heures au fond de la mine dans la poussière de charbon. Tout l'intérieur de la gorge aux poumons n'est plus qu'un conduit encrassé d'alysse. Des années dans la poussière noire à se dessécher à coup de pinard parce que l'eau fait des grumeaux alors que le vin à le goût bien meilleur pour ce genre de soif. Le père, je ne l'ai jamais vu boire un verre d'eau. L'existence des mineurs n'offrait guère de plaisir à ces familles généralement nombreuses. Certainement que le petit rouquin de comptoir était un de leurs rares plaisirs. Aussi, l'alcool fait partie de mon éducation car ceci existait à l'identique dans toutes les familles de la cité. Alors évidemment, les jeunes en âge de sortir s'adonnaient librement à la boisson. Les sorties en boite, les bringues, les tournées d'apéritif jusque tard dans la nuit n'avaient de lien avec un travail pénible et poussiéreux. Une turpitude cérébrale me rongeait les neurones au rythme des verres de whisky avalés sans plaisir. Toute notre gloire passait par le bar. Si un peu plus tard la même année je perdais ma mère et mon frère cadet, il n'y a peut-être pas d'excuse à la trajectoire de voyou. Je n'avais pas la vocation pour devenir truand. J'étais un bon petit jusque là. Il me semble avoir littéralement explosé au cours de mes jeunes années, m'être déstructuré, décomposé. Après la disparition de mes parents et de mon frère, le noyau familial s'est éclaté et ma structure civique avec. Tout mon être n'était plus qu'un amas de bien et de mal enchevêtrés pêle-mêle dans cet avenir nébuleux.

Je suis en réalité emprisonné depuis bien avant le commencement de la prison. Je me suis fermé au monde en me repliant sur moi-même. Manque de soutien. L'individu ne peut se réaliser seul quelque soit l'espèce. Il se réalise avec et par les autres. Nous sommes sous l'influence d'une pensée collective de plus en plus commune dans ce développement de la médiatisation et de la communication. Recevoir un monde avec ses règles et ses lois, accepter l'inéluctable comme une loi de la nature constitue cette ouverture vers l'autre et l'adhésion du respect en communauté. Le cycle intellectuel est un chemin qui roule sur l'infini. Prendre conscience de la nécessité des institutions pour contenir la collectivité dans un principe loyal suppose une instruction civique élémentaire. Or l'inflation croissante d'une violence de plus en plus jeune semble contenir cet indicateur. Le phénomène de l'incivilité prend naissance sur le lieu même de son bûcher. Là où devrait fondre toute forme d'incivilité sous l'ardeur d'une enfance en fougue à devenir citoyenne, l'école introduit en son sein le mal et le mépris d'autrui. Un enfant doit d'abord apprendre le respect d'autrui et que cet autrui est lui-même. Les gosses ont des mentalités très développées où l'on doit imprimer la culture morale socio-affective. Aurai-je une histoire en avance de génération sur ce qui étonne aujourd'hui ? Je me reconnais parfaitement dans cette délinquance actuelle. Elle crie, elle appelle, elle souffre, elle a mal partout. Les sourds à leur détresse leur jettent la pierre et en revanche cette jeunesse renvoie les pierres sur les chauffeurs de bus, pompiers, flics ou poulets et tout ce qui porte l'habit de l'État. Pour cette jeunesse ce sont tous des matons. La prison est dehors, dans les quartiers, au bord des villes. Cette jeunesse coloriée est tricarde en centre ville. La police la chasse par des contrôles exacerbant. Parquée dans sa banlieue, encadrée par un cordon de CRS, cette jeunesse se sent suffisamment hors circuit pour se donner le droit d'exprimer son amertume. Mais l'amertume se paie en années de prison et ainsi l'amertume fructifie et fabrique la récidive.

Pour solliciter une libération conditionnelle, il faut avoir un projet de réinsertion. Autrefois, quand mon énergie se nourrissait d'amertume comme tous ces exclus de la consommation, j'avais pour projet mes prochains casses, mes futurs braquages. En philosophie j'ai appris le savoir de bien vivre. Avoir la conscience en paix et l'âme sereine. Ne pas me mettre dans une situation qui pourrait me causer des ennuis avec la justice, éviter l'infraction à la loi. C'est donc en prison que j'ai commencé par me reconstruire en répondant aux devoirs et obligations du détenus aussi bien envers l'autorité pénitentiaire que les autres détenus.

Afin de s'assurer une sobriété, il faut éviter toutes sortes de conflits aussi bien avec le personnel que les autres détenus. Normal de rester correct avec les gens dont tu partages la vie tous les jours. Aussi, comme les trois petits singes, je ne vois rien, n'entends rien, ne dis rien. En revanche, il est dommage que tant de capacités, de talents, de bonnes volontés ne soient pas utilisés à de meilleurs objectifs. Cette population carcérale hétéroclite et de plus en plus jeune rassemble des mecs dont la plupart n'ont pas leur place sous ces masses de bétons qui enterrent des siècles d'existence.

Élaborer un projet professionnel après quinze ans de prison est quasiment mission impossible. Pourtant, ceux dont la détermination s'active autour de la réinsertion parviennent à dénicher le petit job qui leur permettra d'avoir un pied à l'étrier. Trouver un employeur s'avère souvent un vrai chemin de croix lorsque l'on est libre. Ici, il me faudra échanger plusieurs courriers avant de pouvoir obtenir un rendez-vous. Cette étape franchie, il faudra compter sur la chance qu'une permission de sortie aux fins de l'entretien soit acceptée par le juge d'application des peines. Pour tenter d'en arriver là, j'ai dû expédier pas loin d'une centaine de curriculum vitae à travers toute la France sur la période d'une année. Sur chaque piste exploitable, je suis tombé sur un juge ou un parquet en obstacle à mes efforts. D'autres auraient abandonnée depuis longtemps mais je n'ai pas baissé les bras. Quelles raisons me poussent à ce fantasme ? Serai-je un masochiste endurci ? Personne ne peut contester le volontarisme de cette action permanente qui suppose cet engagement fondamental à l'existence citoyenne. Je me suis pris en charge individuellement. Bien qu'il me faille solliciter les travailleurs sociaux pour certaines procédures administratives que la voie hiérarchique rend incontournables, c'est par la volonté que je gagne du terrain. J'ai dépassé pour un temps la notion d'espérance pour celle de volonté. Je veux vivre de mon travail, changer ma vie délinquante pour m'en sortir. Il ne s'agit plus de cette attente vaine et stérile qui laisserait la gestion de mon temps à l'espoir et la patience mais à l'élan de tout mon être tendu vers la réalisation de mon souhait : vivre en communion avec ceux que j'aime dans leur société. Ce désir anime mon dynamisme constant à vouloir ce que je conçois de vrai.

Transféré en Haute-Loire à la prison du Puy en Velay, je m'inscris à une formation de cuisinier qui se déroule sur une année scolaire avec le concours de l'École Hôtelière. Un diplôme de plus pourrait toujours me servir.

Le juge d'application des peines du Puy en Velay est un homme de terrain. Il se déplace fréquemment au centre pour voir les détenus. Un homme qui sait concilier rigueur et tolérance : un homme intelligent. Il faut le dire et insister lorsqu'on en rencontre. Je dois souligner que l'encadrement socio-éducatif de cet établissement apporte de très bons résultats. Au cours du parcours de pénitent à travers les prisons de France pendant quinze ans, je n'ai encore pas rencontré une autre équipe du comité de probation et de resocialisation aussi efficace, intelligente et convaincue de sa réelle mission : aider à la réinsertion ; ce qui n'empêche en aucun cas la considération des victimes.

Au terme de cette formation, j'ai obtenu un certificat d'aptitude professionnelle de cuisinier. Le stage m'a plu. Les professeurs étaient d'excellents pédagogues. Tous sympathiques. Je voyais enfin des intervenants qui s'intéressaient aux détenus. Grâce à eux, à toute cette équipe sensibilisée par mes efforts et mon travail particulier en taule, le juge m'a accordé des permissions de sorties afin d'aller voir un éventuel employeur. Ces quelques permissions m'ont permis de renouer le contact avec la réalité et la société.

10

J'ai été baluchonner à nouveau à la maison d'arrêt de la Talaudière. Attente impuissante d'une libération. Attente tragique de cette opiniâtre adversité contre laquelle nous ne pouvons rien. Lutte inégale dans cette soumission avec le maître : le temps. Hétéronomie de l'être. Accepter le temps qui se dérobe perpétuellement présuppose une crainte de la fuite du temps. L'expérience humaine intègre ce phénomène majeur. Le temps est un des facteurs essentiels qui définit la vie. Il installe l'homme dans le présent, puis le passé pour définir un futur. Cet élément de mesure m'est indispensable. Lié à ma vie j'en fais mon compagnon : il est devenu ma vie et même mon complice. Une attitude active en complicité avec le temps nourrit un art de vivre, l'emprisonnement. Occulter sa durée. Une attitude passive serait une soumission au temps réduisant mon champ de liberté cérébrale et mon autonomie dans l'esclavage du contenu de ma peine.

L'expression clé du détenu est de laisser le temps s'écouler par des distractions futiles et bien souvent stériles, pour ainsi : « tuer le temps ». Quelle horreur ! C'est contribuer à sa propre destruction et à l'immobilisme. En revanche, plonger en soi pour développer toutes les capacités individuelles possibles à mettre en œuvre permet de se reconstruire à partir de construire. J'organise mon quotidien à la pratique de l'art à vivre le temps. Je me crée un espace temporel qui inverse le rapport initial du temps et de sa fonction. Je deviens complice du temps en assimilant l'uniformité quotidienne perpétuelle et sa notion mathématique. Je ne vis plus contre le temps mais avec lui.

Pour la première fois j'échappe au sentiment d'abandon. L'amour ne supporte pas l'inégalité au travers duquel chacun respecte la personnalité de l'autre. Ma frangine, Yvette, est de ces êtres qui répondent spontanément à la détresse. Au moindre signal d'alerte elle apparaît au parloir dans toute sa classe, sa générosité et ses sages paroles. Les vicissitudes de l'existence n'ont cessé de nous désunir mais à chaque coup elle dépasse nos peines pour redonner espoir et courage. Elle sera là du début à la fin à m'offrir sa grâce fraternelle par son verbe de sagesse et de paix.

Une nouvelle fois, la pénitentiaire me transfert dans un centre en Savoie, à Aiton. C'est mon vingt et unième transfert. Peut-être expérimentent-ils les problèmes d'instabilité dans ce nouveau monde qui bouge en tous sens ? Le parfait lexique au conditionnement de l'instabilité permanente. Une vie de doutes et d'incertitudes : où vont-ils te ballotter avec ton baluchon ? Combien de temps ? Tout refaire à chaque fois avec les organismes éducatifs et avec la famille. Comment maintenir les liens familiaux sans que toute la famille en subisse les graves et coûteuses conséquences. Plutôt que cautériser on remue le couteau dans la plaie. J'ai traversé la France des Beaumettes à Fresnes, de Marseille à Paris, sans jamais que la famille soit informée de cette soudaine disparition de l'être aimé. L'amour fraternelle avec ma frangine se renforce dans les silences de notre profonde amitié. Nous ne sommes pas dans la nécessité d'une présence physique

comme l'exige le couple. Il n'existe ni condition ni conces-
sion dans ce fraternel échange. Les non-dits s'évadent
de la cage imbécile que l'éducation purgative retenais
dans ses serres. Élevés dans le climat familial sournois
des vieilles France, mon père martyrisait ma mère par
son autorité démesurée. La petite espagnole avait fui la
dictature franquiste pour s'emprisonner sous celle d'un
mari violent. Jamais nous n'avons pu nous regarder et
nous parler avec l'amour que nous occultions frères et
sœurs. Cette explosion soudaine des frontières puritaines
libérait les sentiments cachés de notre enfance. Nous re-
connaissions dans cette envolée de tendresse l'histoire
génétique qui nous uni. L'un et l'autre dans notre correspondance et lors de parloirs plus fréquents démolissons
les tabous pernicieux d'une éducation obsolète dans laquelle notre temps ne peut se reconnaître. L'obscurité
sonne le glas, nous entrons dans la lumière.

Si je devais peindre ma vie, je le ferai en noir et blanc.
Sans couleur. La densité lumineuse ou ténébreuse en devient plus marquante. C'est un contraste autoritaire de
l'un à l'autre qui me rappelle mon enfance. Atteint de cé-
cité morale, j'ai traversé une partie de ma vie sans voir la
société comme le support fondamental de l'épanouissement. Plongé à l'ombre des prisons, j'ai vécu accroché à la
lumière d'un soleil qui se lèvera bientôt. Ainsi, de l'ombre
à la lumière, c'est le noir et le blanc qui balise mon chemin. Suis-je suffisamment fou dans cet enchevêtrement
du bien et du mal pour ne point cerner les deux ? Le rapport d'expertises psychiatriques conclu qu'aucun trouble
n'altère ma responsabilité. En effet, il n'y a pas dans mon
esprit de confusion entre les nuances bien et mal mais

une tendance psychopathe par rapport à la loi. Tout un travail de psychothérapie est nécessaire pour me guérir de ce daltonisme moral. L'aboutissement de ce traitement volontaire démontre parfaitement l'inefficacité du système pénitentiaire. Une prise en charge thérapeutique dès la première incarcération aurait contrarié le gâchis de toute une vie et la commission d'autres crimes et délits. Le traitement aurait ainsi apporté une vraie réponse au rôle prépondérant de la justice. Elle ne doit pas protéger pour un temps mais pour toujours et la protection passe par le traitement médical. Guérir pour s'en sortir ! La population carcérale est en attente d'un programme de resocialisation actif. La plus grande majorité des détenus devrait accéder à un soutien thérapeutique. Des psychologues sont maintenant dans les prisons à la demande du détenu. Mais une campagne d'information sur le rôle et la terminaison des séances est urgente car les détenus dans leur faible réflexion voient par psychologue un train de folie et aborde le sujet par des « je ne suis pas fou ».

Or, il faut cerner le lien causal entre une marginalité morale et le passage à l'acte. Diaboliser la marginalité en la banalisant par l'échec scolaire direction case prison suppose le désintéressement absolu du devenir d'autrui et ainsi de sa patrie. La prison telle qu'elle existe à les moyens de sectoriser. Le personnel, majoritairement jeune, nécessite la formation revalorisant d'une profession abandonnée par sa propre administration. Une formation socio-éducative réparatrice. Le détenu ne peut plus être entaulé vulgairement comme un paquet numéroté jeté dans une boite à ordure. Une délégation psychologique doit immédiatement recevoir l'incarcéré

afin de déterminer ses capacités tolérables à l'enfermement ; puis discerner l'orientation concernant les liens
familiaux et les projets d'avenir.

J'avance à pas de tortue vers le flambeau d'une vie nouvelle. Cette résurrection s'appelle liberté. Elle me semble
toute proche. Parfois je la vois plus grande que le ciel dans
un halo de lumière. Ma demande de libération conditionnelle est à instruction près le garde des sceaux. Une demande partie depuis sept mois. Ça doit être compliqué
et long à traiter ? Remarque après quinze ans de prison
un rejet signifierait une négation singulière de l'humain.
Tout l'acquis de mes possibilités ne s'est pas fait dans
l'inertie. Ce n'est pas en réponse à la sévérité du jugement ou la pression des politiques répressives démesurées qui ont influé sur cette mutation. Je suis. Je dois
ce changement à un lourd labeur entrepris avec l'aide
des quelques personnes qui ont cru dans ma volonté :
ma frangine, ma psy et mon prof de philo car cette volonté n'est autre qu'un défi au désir de vivre. Non pas ce
simple désir d'existence dans l'espérance de voir arriver
la levée d'écrou mais bien le vœu solennel d'une trans-
figuration de l'être. J'ai vu tant de misère au cours de
ces années de souffrances névrotiques. J'ai vu des mecs
confier leur détention aux vallium, tranxene ou autres
anesthésiants à ne plus pouvoir décoller de leur pail-
lasse. Cette dégradation humaine pousse l'individu aux
tendances suicidaires de toutes formes. Cet abus d'utilité ne se limite pas à une dose de somnifère mais à une
substitution de la vie carcérale... un système qui profite
à la pénitentiaire mais qui nuit à l'humanité et la société
puisqu'au réveil, le sujet n'a pas évolué d'un cil. Certains

perdent jusqu'à la dignité la plus élémentaire à se faire dessus. L'auto-déchéance atteint son paroxysme à rebuter même les médecins et services médicaux.

Un homme peut-il se détester au point de refuser la mort et la vie ? Si j'ai frôlé la mort plusieurs fois ce fut pour mieux aimer la vie. Encore faut-il apprendre à la vivre agréablement. J'ai ainsi sollicité le soutien de Dieu pour m'indiquer la voie de cet apprentissage. Il m'a présenté la Foi : une Foi sous toutes ses facettes comme mémento d'inspiration. Donner toute sa place à l'inspiration sur le chemin de l'avenir en fixant nos rêves au présent de chaque instant, miracle de la vie. Être soi-même avec son histoire et ses fautes, vivant dans l'absolu de l'être en considérant l'autre comme cet autrui que je suis. Je me suis plongé dans les lectures philosophiques pour reconnaître le sens des valeurs morales, sociales ou humaines ; le droit, la justice, la famille, la société, le respect d'autrui m'ont porté vers les sommets de la pensée pour m'élever au dessus de ce ténébreux passé. La lumière qui jaillit de cette culture nouvelle pour moi est si intense que je considère cette métamorphose comme un cadeau de Dieu, une seconde vie... Les miracles de la vie.

Croire en la réinsertion à l'approche de la cinquantaine avec un trou de vingt ans sur son CV (curriculum vitae) suppose l'extravagante utopie. Seul un rêveur peut envisager l'incroyable insertion dans ce monde en expansion à l'individualisme et au narcissisme. Mais je suis un incontestable rêveur et inconditionnel optimiste. En revanche, je suis le seul à connaître le chemin parcouru intérieurement et j'adhère ainsi à ma cause dans une confiance illimité.

Je n'ai pas intégré les valeurs morales qui régissent les règles fondamentales de la société mais je les ai mise en pratique. J'intègre le savoir et le faire.

Or depuis ces cinq dernières années, je n'ai manqué aucun de mes devoirs ni reculer devant chaque obligation. J'ai foi en la cohésion de mes pensées avec les actes qu'une conversion a rendu miscibles. Conscient des difficultés actuelles, je n'en demeure pas moins convaincu qu'un comportement néfaste validerait un acte de mort. Si je n'ai pas choisi cette vie délibérément, je l'ai tout au moins acceptée. On ne tombe pas sur la case prison comme au Monopoly sur un coup de dé. Mon existence de hors la loi s'est construite dans le temps en adjoignant tous les ingrédients qui composent cet ensemble. Tout comme je bâtis une honnête vie sociale, je crois avoir fabriqué celle du brigand aux émotions sensibles. Cependant, mon histoire porte en elle les stigmates de l'enfermement et retient un recueil d'aventures qu'il me serait amer de jeter aux oubliettes. Refouler les épisodes de cette chronologie marginale déséquilibrerait mon assise psychique. Je n'ai à rougir de rien. Je suis la somme de mon passé.

11

Mon bras pèse ; il est engourdi, ankylosé par une douleur musculaire. J'ai dû le coincer. À moins que quelqu'un tire dessus. Une femme me sourit. Je ne l'ai encore jamais vue et pourtant il me semble la connaître. Elle s'approche vers moi avec ce même sourire figé. Un rictus au coin des lèvres grimace son sourire soudain. Elle est bizarre. Mon bras me fait mal ; il va se paralyser. La femme a disparu. Je cherche son sourire, le premier, le joli, seul souvenir de ce visage sur lequel je cherche un nom. Un homme tête baissé derrière une table écrit sur un cahier. Je le braque et lui demande le contenu du coffre. Il lève la tête et se remet à écrire. L'arme est lourde à mon bras paralysé et je ne peux plus la maintenir tendue. Mais que suis-je en train de faire, je braque une autre banque ! Je veux partir mais ma sœur me dit que je ne peux pas. Elle a le même sourire que la femme de tout à l'heure... Soudain, un brusque clic-clac de serrure me réveille en sursaut. Le maton me dit bonjour. Je lui renvoie le mien ensuqué mais heureux. Ce n'était qu'un horrible cauchemar. Je le dois certainement à toutes les pages d'écriture de ce bouquin qui a fait surgir du conscient un rappel de mes folies douces. Dans les petits lits étroit des cellules, il faut se serrer soi-même pour avoir assez de place sur sa couche d'où les paralysies passagères des membres. Ainsi, la douleur du bras écrasé par le reste du corps provoque des rêves cauchemardesques insensés. Le réveil de la réalité me berce d'un immuable bonheur. L'ambition de mon présent est mue par la béatitude de la sérénité d'âme. L'enseignement instruit par la philosophie renvoie à son étymologie : l'amour de la sagesse. Vivre en symbiose du formidable ensemble de discipline : philosophie, théosophie, culture physique et artistique. Je découvre une autre liberté car si le corps est toujours embastillé, l'esprit s'est dégagé des forces du mal en s'autorisant des choix au centre même du périmètre des interdits les plus déconcertants. Tous les paramètres sont vecteurs de symboles sociaux. Dès lors, il suffit à l'être d'appréhender le fonctionnement politique de cette micro société pour comprendre les rouages d'une société à laquelle il s'est exclu lui-même. La vie intérieure de l'établissement pour peine transite du principe de la vie en société : le permis et le défendu. Accepter cette règle fondamentale est une réponse aux critères rudimentaires de resocialisation à condition que les règles soient respectées de deux parties et de tous côtés.

Or, tous les détenus moulent au gabarit de la réglementation. Travail aux ateliers, études, écoles ; auto-gestion de ses activités, de son budget, de sa consommation. Respect de l'autre, du personnel comme des codétenus et de l'environnement. Apprendre à vivre avec tous les autres sans distinction farouche. La prison refondée en école de la vie suppose l'aptitude à chacun d'entrer dans le cadre social et d'y inscrire sa place.

Malgré cet enfermement expiatoire caractérisé par sa durée, je m'interdis de céder un pouce à ma liberté de penser ou d'être qui ne participerait pas à ma réintégration sociale. Aussi j'utilise toutes les possibilités et moyens disponible pour les choix au besoin de réussir. Ne serait-ce qu'aboutir à ne pas être malheureux altère tout risque

d'échec. Tout en colmatant les brèches de mes lacunes in-
tellectuelles, j'entretiens mon corps aux séances de gym-
nastique ou de yoga. Afin d'aiguiser mes modestes per-
formances, j'ai arrêté de fumer depuis quelques années.
Je n'ai pas eu à me forcer comme par étonnement pour
gagner un pari que tout le monde imagine dépendre d'une
exceptionnelle volonté. En réalité, ce n'est qu'une question
de décision. J'ai un jour décidé de stopper le tabac tout
simplement. J'ai donné mes paquets de clopes, briquet
et je n'en ai plus eus besoin. J'ai reconsidéré un comportement défaitiste en une libre aptitude à faire des choix.
Le choix est un talent de décision qui tend à la volonté.

La prison aurait pu me casser à m'en démolir. Avec humilité, je loue les facteurs essentiels qui m'ont sauvé du
vide carcéral : les études, la culture et le sport. Le travail
aux ateliers reste une activité conforme au travail en entreprise qui permet une autonomie financière uniquement-
ment. Mais c'est par l'écriture que j'ai surmonté mes plus
grosses difficultés psychiques. L'écriture est ma thérapie. Du courrier aux récits et autres notes personnelles,
il ne se passe une journée sans que je n'écrive. L'encre im-
mortalise mes pensées, mes émotions, mes sentiments
présents. Elle rend éternelle les réflexions oisives qui
s'envolent de l'âme. Mon encre prolonge de ses signes
graphiques fixés sur des pages blanches tous mes rêves
et l'histoire emprisonnée en moi qui s'évade à son tour.
Elle est la sève de mon équilibre.

Mais...
Croire que je suis heureux dans cet univers ou que
je suis un homme malheureux n'est pas ce que tend à

démontrer cet ouvrage. J'ai pu réussir à mieux vivre ma peine sans pour cela oublier que depuis quinze ans je suis lié par la condamnation à un châtiment. Revenir à l'état d'homme libre a toujours obsédé mon esprit. Posséder mes papiers d'identités et les clés de mon appartement est une dignité élémentaire dans la vie.

Ni heureux ni malheureux, j'ai exploité toutes les armes contre la souffrance à travers un fantastique pèlerinage à la rencontre de moi-même. Pour ne pas me faire écraser par le poids des années, j'ai prospecté les limites de mes capacités afin de donner à mon champ d'action le meilleur éventail de potentialités.

Le hors la loi a rangé ses affaires sur les pages d'un cahier d'écolier. Chargé de mon histoire, je reprends le chemin laissé dans un coin de mon enfance emportant dans mes bagages tout l'amour pour ceux que j'aime.

J.B. 1999

L'auteur

Né en 1951 dans une cité minière de la banlieue
stéphanoise, Jack Beauregard connaît très jeune
la marginalité pour cause de difficultés sociales
malgré des capacités scolaires révélatrices. À sa
première incarcération, il bascule dans l'école du
grand banditisme et fait de longs séjours en prison
pour plusieurs braquages de banques, évasions
et fourgon blindé. Durant sa détention, il reprend
des études en informatique, philo puis écrit
plusieurs récits et romans, apprend à jouer de la
guitare mais il est avant tout, dit-il, un pratiquant
de la philosophie vécue.

La maison d'édition

Qui arrête de progresser, arrête d'être bon!

En se basant sur notre slogan, c'est notre désir de trouver de nouveaux manuscrits et de les faire publier. Depuis plusieurs décennies déjà, nous avons donné nos cœurs aux livres et nous nous engageons pour chacun de nos auteurs et chaque livre personnellement.

Nous faisons pour chaque manuscrit une relecture en quelques semaines. La relecture est gratuite et sans engagement.

Pour plus d'informations sur notre maison d'édition et nos livres, reportez-vous à notre site:

www.novumpublishing.fr